本书为中共浙江省委党校

浙江省"八八战略"创新发展研究院资助成果

碳排放

的驱动效应及减排路径研究

周洋◎著

RESEARCH ON DRIVING EFFECTS AND
EMISSION REDUCTION PATHS OF
CARBON EMISSION

ZHEJIANG UNIVERSITY PRESS
浙江大学出版社
·杭州·

图书在版编目(CIP)数据

碳排放的驱动效应及减排路径研究 / 周洋著. -- 杭州：浙江大学出版社，2024.6

ISBN 978-7-308-25027-6

Ⅰ. ①碳… Ⅱ. ①周… Ⅲ. ①二氧化碳-节能减排-研究-中国 Ⅳ. ①X511

中国国家版本馆 CIP 数据核字(2024)第 102804 号

碳排放的驱动效应及减排路径研究

TANPAIFANG DE QUDONG XIAOYING JI JIANPAI LUJING YANJIU

周　洋　著

策划编辑	吴伟伟
责任编辑	丁沛岚
责任校对	陈　翾
封面设计	雷建军
出版发行	浙江大学出版社
	（杭州市天目山路 148 号　邮政编码 310007）
	（网址：http://www.zjupress.com）
排　　版	杭州星云光电图文制作有限公司
印　　刷	浙江新华印刷技术有限公司
开　　本	710mm×1000mm　1/16
印　　张	11.75
字　　数	181 千
版 印 次	2024 年 6 月第 1 版　2024 年 6 月第 1 次印刷
书　　号	ISBN 978-7-308-25027-6
定　　价	68.00 元

前　言

实现碳达峰碳中和,是以习近平同志为核心的党中央经过深思熟虑作出的重大战略决策,事关中华民族永续发展和构建人类命运共同体。为深入研究省际隐含碳的空间关联效应、经济增长与碳排放的脱钩效应、外商直接投资对碳排放的"污染光环"效应、财政分权对碳排放的溢出效应、区域碳排放效率的异质效应、碳减排的中介效应,本书分七个部分展开了深入研究。

第一章,绪论。本章简述了本书的研究背景、研究意义、研究方法、潜在创新点及结构安排。

第二章,省际隐含碳的空间关联效应研究。本章分为四部分:第一部分为已有研究成果的梳理和评述。第二部分为研究方法,采用投入产出技术等相关理论进行了实证模型构建,并刻画了隐含碳整体、个体网络结构,构建了隐含碳网络空间聚类及 QAP 模型。第三部分为实证模型分析,包括隐含碳网络结构分析、隐含碳网络整体分析、个体网络分析、碳转移块模型分析、碳转移的影响因素分析。第四部分为结论与建议,根据研究得出的结论,提出了科学合理的建议。

第三章,经济增长与碳排放的脱钩效应研究。本章分为四部分:第一部分为已有研究成果的梳理和评述,厘清了脱钩效应的驱动因素,分析了数字化发展对碳排放的驱动机制,讨论了数字化通过产业升级、科技创新对碳减排的中介效应,数字化、科技创新与碳减排的理论机制,提出了两个假设。第二部分为模型构建,包括脱钩模型、追赶脱钩模型。第三部分为实证分析研究,对浙江省的碳排放现状、浙江省 11 个地级市经济增长与碳排放脱钩情况、浙江省 11 个地级市追赶脱钩情况进行了分析,并做了中介效应模型检验分析、稳健性检验分析。第四部分为结论与政策建议。

第四章,外商直接投资对碳排放的"污染光环"效应研究。本章分为四部分:第一部分为已有研究成果的梳理和评述。第二部分为研究方法,构建了基于 STIRPAT 的动态面板数据模型,并采用 Diff-GMM 和 Sys-GMM 估计方法进行了估计,还从 EKC 曲线的视角分析了影响碳排放的经济因素。第三部分为实证分析,对固定效应模型结果和随机效应模型结果与动态效应模型结果进行比较,探究外商直接投资对中国碳排放的溢出效应。第四部分为结论与政策建议。

第五章,财政分权对碳排放的溢出效应研究。本章分为四部分:第一部分为已有研究成果的梳理和评述,着重探讨了财政分权的相关理论基础。第二部分为模型构建,运用 STIRPAT 模型进行扩展,采用普通最小二乘法、微分 GMM、Sys-GMM 模型和空间 Durbin 模型估计了影响碳排放的因素。第三部分为结果与讨论,检验了"污染光环"假说和"污染天堂假说",论证了外商直接投资(FDI)对碳排放的影响。第四部分为结论与政策建议。

第六章,区域碳排放效率的异质效应研究。本章分为四部分:第一部分为已有研究成果的梳理和评述。第二部分为方法介绍,采用基于非径向、非定向松弛的测量方法构建了 SBM 模型。第三部分为实证分析,通过运用三阶段 SBM-DEM 模型,分析了我国 30 个省份能源利用效率对碳排放效率的影响。第四部分为结论与政策建议。

第七章,机器人促进碳减排的中介效应研究。本章分为四个部分:第一部分为已有研究成果的梳理和评述。第二部分为研究方法,采用空间杜宾模型探究了机器人应用、市场化及碳排放间的相互关系。第三部分为结果分析,从直接效应与间接效应两个方面研究了机器人发展水平对碳排放的影响。第四部分为结论与政策建议。

第八章,碳减排路径分析。本章分为两个部分:第一部分为相关案例,介绍了衢州"碳账户"的主要做法,以及长兴县创新碳效管理平台与"碳效码"的建设应用。第二部分为政策建议,从多措并举助力减碳工作与碳排双控的产业机遇展开提出相关对策建议。

目　录

第一章 绪 论

第一节 研究背景

第一次工业革命开始于 18 世纪中叶的英国,以煤炭为主要能源的蒸汽机得到广泛应用。19 世纪末 20 世纪初,以石油和电力为动力的第二次工业革命来临。汽车、电力设备和无线电改变了人们的生活方式。科技突破推动内燃机和电气化的大规模应用,有力地带动了经济发展,但也加剧了对煤炭、石油等传统能源的依赖,碳排放总量持续上升,全球气候变化问题愈发严重。随着全球对气候变化的日益重视,各国纷纷加强温室气体排放管理控制,全球碳排放增速逐渐放缓,但总量依然保持上升趋势。目前世界迎来了以能源转型和数字化为标志的新工业革命,碳减排也成为全球关注的焦点。各国政府纷纷引导企业进行能源转型,积极采用清洁能源,加强碳排放管控。同时,数字化与互联网技术的发展,让我们有了更多手段去进行碳排放的监控与管理。大数据与云计算技术可实时收集碳排放数据并进行分析,为企业制定碳减排策略提供决策依据。从第一次工业革命开始,人类一直在不断地对环境造成影响。从一开始对环境的无知,到后期对气候变化的认知,再到现在的碳减排行动,人类的发展历程其实也是对环境认知和保护意识提升的历程。而随着科技的发展,有了越来越多的方法去应对这个问题,有望在实现可持续发展和环境保护之间找到平衡点。

1962 年,美国海洋生物学家蕾切尔·卡逊(Rachel Carson)发表了《寂静的春天》,拉开了现代环境运动的序幕,人们开始关注生态与环境问题。[①] 1992 年 6 月 4 日,联合国大会通过《联合国气候变化框架公约》(United Nations Framework Convention on Climate Change,UNFCCC),这是世界上第一个全面控制二氧化碳、甲烷和氧化亚氮等温室气体排放,以应对全球气候变暖给人类经济和社会带来不利影响的公约。[②] 1997 年通过的《京都议定书》是《联合国气候变化框架公约》的补充条款,以"将大气中的温室气体含量稳定在一个适当的水平,进而防止剧烈的气候改变对人类造成伤害"为目标,各个国家进行减排承诺。2009 年,《联合国气候变化框架公约》第 15 次缔约方会议暨《京都议定书》第 5 次缔约方会议在哥本哈根举行,本次大会拟产生一份《哥本哈根议定书》[③]以取代将在 2012 年到期的《京都议定书》。尽管最终没有形成具有约束力的议定书,但这次气候大会吹响了全球向"低碳社会"进发的号角。《哥本哈根议定书》草案把升温控制目标确定为 2℃,这很难让小岛国、最不发达国家和非洲集团满意。2021 年我国 CO_2 排放量为 114.7 亿吨,约占全球的 1/3。我国人均碳排放量为 8.4 吨,超过发达国家水平,更远远超过其他新兴国家。进入 21 世纪以来,虽然我国的碳排放强度持续下降,2021 年每千美元 GDP 的 CO_2 排放量已降至 0.45 吨,但仍然是全球主要经济体中碳排放强度最高的国家。[④] 2020 年 9 月 22 日,习近平主席在第七十五届联合国大会一般性辩论上承诺将采取更加有力的政策和措施,使我国的二氧化碳排放力争于 2030 年前达到峰值,努力争取 2060 年前实现碳中和。[⑤] 实现碳达峰碳中和是以习近平同志为核心的党中央经过深思熟虑作出的重大战

[①] 侯文蕙.20 世纪 90 年代的美国环境保护运动和环境保护主义[J].世界历史,2000(6):11-19,127.

[②] 涂瑞和.《联合国气候变化框架公约》与《京都议定书》及其谈判进程[J].环境保护,2005(3):65-71.

[③] 庄贵阳.哥本哈根气候博弈与中国角色的再认识[J].外交评论(外交学院学报),2009(6):13-21.

[④] 付允,马永欢,刘怡君,等.低碳经济的发展模式研究[J].中国人口·资源与环境,2008(3):14-19.

[⑤] 习近平.在第七十五届联合国大会一般性辩论上的讲话[N].人民日报,2020-09-23.

略决策,事关中华民族永续发展和构建人类命运共同体。2021 年以来,习近平在中央财经委员会会议、领导人气候峰会、中共中央政治局集体学习等重要场合多次重申"3060"碳达峰碳中和目标。[①]

碳达峰,是指一个国家或地区的二氧化碳排放量达到历史最高点,然后开始逐年下降。2015 年《巴黎协定》指出,"缔约方旨在尽快达到温室气体排放的全球峰值"[②]。国际上,碳达峰中"碳"一般指二氧化碳、甲烷、氧化亚氮、氢氟碳化物、全氟化碳、六氟化硫等六种温室气体(按二氧化碳当量计量),主要来源于能源活动、工业生产过程、农业活动、废弃物处理、土地利用变化和林业等五大领域。根据国家发展和改革委员会、国家统计局目前的口径,碳排放是指能源活动和工业生产过程中的二氧化碳排放。

碳中和,则指通过种植森林、节能减排、碳捕获和储存技术等多种方法,使碳的排放总量与吸收总量相抵消,达到零排放。碳汇,一般指从大气中清除温室气体的过程、活动或机制,如森林等碳吸收活动,碳捕集与封存利用(carbon capture utilization and storage,CCUS)等。目前全球已有 54 个国家的碳排放实现达峰,其中大部分属于发达国家,其碳排放量占全球碳排放总量的 40%,2020 年,碳排放排名前 15 位的国家中,美国、俄罗斯、日本、巴西、印度尼西亚、德国、加拿大、韩国、英国和法国均已实现碳排放达峰。中国、马绍尔群岛共和国、墨西哥、新加坡等国家承诺在 2030 年以前实现碳达峰。届时,全球将有 58 个国家实现碳达峰,这些国家的碳排放总量占全球碳排放总量的 60%。

实现碳达峰和碳中和具有重要意义。首先,这是人类对自然环境的保护,也是对后代子孙的责任。碳排放量的持续增长会导致全球气候变暖,带来极端气候、海平面上升等灾害性影响,如果现在不采取行动,那么气候变化将会带来无法逆转的负面影响。其次,碳达峰和碳中和是全球

---

① 推动平台经济规范健康持续发展把碳达峰碳中和纳入生态文明建设整体布局[N].人民日报,2021-03-16;习近平出席领导人气候峰会并发表重要讲话[N].人民日报,2021-04-23;深入分析推进碳达峰碳中和工作面临的形势任务扎扎实实把党中央决策部署落到实处[N].人民日报,2022-01-26.

② 庄贵阳.我国实现"双碳"目标面临的挑战及对策[J].人民论坛,2021(18):50-53.

负责任大国应承担的责任和义务。对发达国家来说,它们是历史碳排放的主要责任国,应该承担起减排的主要责任。对发展中国家来说,虽然它们的历史碳排放量相对较少,但是随着工业化和城市化进程的加速,未来的碳排放压力巨大,因此也需要采取行动。最后,实现碳达峰和碳中和是推动经济社会可持续发展的重要途径。实现这一目标,需要改变过去过度依赖化石燃料的发展模式,转向绿色、低碳的发展模式。这将大大促进清洁能源、节能环保、循环经济等新兴产业的发展,并为经济社会发展开辟新的增长点。[①] 然而,实现碳达峰和碳中和并不容易,需要全球共同努力,政策引导、技术创新和公众参与都不可或缺。只要全人类共同努力,实现碳达峰和碳中和的目标就一定能实现。所以在全球化背景下,提出实现碳达峰碳中和并落实到行动中,不仅是保护地球、应对全球气候变化的迫切需求,也是转变经济发展模式、实现可持续发展的重要路径。[②]

"十四五"时期,我国生态文明建设进入以降碳为重点战略方向、推动减污降碳协同增效、促进经济社会发展全面绿色转型、实现生态环境质量改善由量变到质变的关键时期。当前,面对实现生态环境根本好转和碳达峰碳中和两大生态文明建设战略任务,我们要从把握新发展阶段、贯彻新发展理念、构建新发展格局的战略高度,找准减污降碳协同增效的突破口,抓住绿色发展的"牛鼻子",统筹碳达峰碳中和与生态环境保护相关工作。[③] 综合运用科技、经济、改革、政策等多种手段,实现减污降碳实质性进展,最终为构建人与自然和谐共生的现代化绿色图景打好坚实基础。[④]

① 黄震,谢晓敏.碳中和愿景下的能源变革[J].中国科学院院刊,2021(9):1010-1018.
② 林伯强.碳中和进程中的中国经济高质量增长[J].经济研究,2022(1):56-71.
③ 姜华,高健,阳平坚.推动减污降碳协同增效建设人与自然和谐共生的美丽中国[J].环境保护,2021(16):15-17.
④ 郑逸璇,宋晓晖,周佳,等.减污降碳协同增效的关键路径与政策研究[J].中国环境管理,2021(5):45-51.

第二节　研究意义

一、理论意义

(一)拓宽了碳排放研究区域范围

在当前应对气候变化,努力实现碳减排碳达峰碳中和目标的背景下,许多学者开始关注能源消费、碳排放和经济增长之间的相互关系,但是大多数学者的研究主要集中在两个方面:一是研究农业、制造业、旅游业等某个单一领域的低碳问题。二是从区域的角度,研究国家层面、部分区域以及某省级行政区域的碳排放问题。省级行政区域碳排放的研究案例多集中在京津冀、长三角、珠三角等经济发达地区,我国幅员辽阔,区域差异较大,经济发展中碳排放量的影响因素也有较大不同。本书对中国整体及各个省份的碳排放情况进行了分析,丰富了碳排放研究的内容,拓宽了区域碳排放研究的范围。

(二)扩展了碳排放问题的研究方法和角度

本书利用投入产出模型、QAP 方法、Tapio 脱钩模型、STIRPAT 模型、动态面板模型、EKC 曲线理论、杜宾空间模型、SFA 模型及 SDM 模型,从多角度对碳排放进行了研究:在省域层面,探究了省域隐含碳空间关联性、区域碳排放效率的异质效应;在影响因素方面,探究了外商直接投资对碳排放的"污染光环效应"、财政分权对碳排放的溢出效应,以及数字化发展对碳排放的影响;在经济发展方面,探究了经济增长对碳排放的影响。本书还使用多种模型对研究结果进行了修正或相互验证,在一定程度上提高了计算结论的真实性和可靠性。此外,与以往学者通常采用单一的计量模型,以某个省级行政区域为对象研究碳排放问题不同,本书从 30 个省份出发,多角度对比研究了碳排放问题,以深入探究多种碳排放影响因素间的区别与联系,在一定程度上拓宽了碳排放问题的研究方法和角度。在丰富、完善碳排放问题研究角度方面具有较为重要的理论意义。

二、现实意义

(一)有助于了解全国各省份碳排放量变化趋势

经测算发现,2004—2016年,经过制度的调整,我国能源效率发生了巨大的变化,尽管第二产业比重增加降低了能源效率,但外商直接投资、贸易开放度和财政分权水平提高促进了能源效率,同时存在区域差距越来越大的现象。2006—2019年,工业智能化显著降低了碳排放,在碳排放量较低的省份,工业智能化的减排效果更加显著。根据2015年、2017年各省份27个行业的贸易隐含碳数量和转移方向,我国省际贸易隐含碳总量呈现上升趋势,各地区碳转移量存在空间异质性。此外,本书还以我国经济发展水平较高的浙江省为研究对象,就数字化对碳排放的影响进行了研究,发现2005年浙江省各地级市处于扩张相对负脱钩或扩张连结阶段,经济发展较为粗放,而2017年各地级市均处于扩张强绝对脱钩或扩张弱绝对脱钩阶段,经济增长和碳排放已实现绝对脱钩,经济进入低碳型发展模式,说明发展水平较高地区的碳排放已进入显著减排模式。经过以上多方面、多角度的碳排放研究,可对我国制定碳减排政策提供合理、科学的建议。

(二)有助于精准确定各省份碳排放效率在全国的位次

本书分析了各省份的碳排放相对效率以及省际碳排放差距,发现各省份间位次差距较大,清醒判断各省份碳排放效率在全国的位次,客观正确地评估全国总体及各省份的碳排放效率,有利于有针对性地提出减少碳排放的政策措施,推动技术创新发展,挖掘碳减排的潜力,探究碳排放影响因素间的关系,实现碳排放的实际产出与技术效率的期望达到前沿面,在实现碳减排的同时,产值依然能够处于上升态势。

（三）有助于全国总体及各省份从多角度制定碳减排政策措施

本书运用 Tapio 脱钩理论模型、EKC 曲线理论、QAP 模型，探究了碳排放量与外商直接投资、财政分权和数字化发展等要素之间的动态变化趋势和国内省际贸易隐含碳总量。在保持经济增长的前提下，根据碳排放特点及变化趋势，研究节能减排对策和发展建议，分析碳排放增长规律，避免减排政策制定过于宏观、宽泛导致落实到具体产业时难以操作。

第三节　研究方法

一、文献分析方法

利用各大网络文库的资源，针对国内外涉及碳排放影响因素等主题的学术著作和期刊文章进行了深入研究。在此基础之上，梳理了国内外学者对碳排放问题的研究历程、研究方向和研究方法，以及对未来碳排放发展趋势的预测。在此基础上，进一步分析了本书的研究重点和主题。

二、统计分析法

通过对我国各省份不同阶段的能源消耗、经济发展、财政收支、数字经济等方面相关数据的整理计算，利用相关统计方法和软件，对碳排放与经济发展之间的数量关系、内在逻辑等进行了剖析，在数量分析的基础上，分析了各省份碳排放效率、发展趋势、影响因素等问题。

三、计量模型法

主要运用 QAP 模型、STIRPAT 模型、DEA 模型、SFA 模型等对各省份碳排放强度变化和能源消耗、经济发展、人口、产业结构、财政分权、外商直接投资、数字化程度、人工智能等影响因素的回归关系进行了模拟,探讨了这些因素在碳减排中的作用程度,为低碳经济发展提供科学分析依据。

第四节　潜在创新点及结构安排

我国正处于发展方式向绿色低碳转型的十字路口,需要对碳排放与经济发展的关系进行深入的探讨和研究。尽管目前已有许多关于碳排放的理论研究,但多角度地深度分析碳减排相关问题的研究成果还相当有限。本书针对这一研究空缺,基于我国省级层面的实际情况,对碳排放的趋势、效率、空间关联效应进行了全面的测度。首先,测度了各个省份的实际碳排放量,从宏观角度掌握我国碳排放的总体状况。其次,评估了各个省份的碳排放效率,检视各地在碳排放控制方面的效能。再次,考察了碳排放相关因素的驱动效应,并探究了各地区间碳排放的相互影响。这部分研究对理解我国碳排放格局、优化资源配置、制定有针对性的减排策略具有实际意义。最后,基于以上研究,对我国的碳减排路径进行了深度分析。我们旨在通过科学的数据分析和研究,为我国实现低碳经济、找准碳减排路径提供决策参考。

第二章　省际隐含碳的空间关联效应研究

为有效界定碳减排责任,合理分配碳限额任务,本章采用多区域投入产出分析模型,从增加值视角核算了我国 2015 年和 2017 年各省份 27 个行业的贸易隐含碳数量和转移方向,借助社会网络分析方法刻画了贸易隐含碳的空间网络结构特征,并利用 QAP 方法解析了贸易隐含碳的驱动因素。在理论上,将区域排放视为一个复杂空间系统;在研究视角上,基于增加值核算了我国省际贸易隐含碳"量"的时空演变;在方法上,将定性和定量的方法相结合,探究了碳转移的内部关系,揭示了省份个体在碳转移中的角色、位置和作用,分析了碳排放空间关联网络强度的驱动机制。经分析,研究发现:

第一,我国省际贸易隐含碳总量呈上升趋势,各地区的碳转移量存在空间异质性。2017 年,河南、广东、浙江、江苏、北京的碳输出量位列前五位,占全国碳排放输出总量的 44.45%。其中河南、广东、江苏、北京通过复杂国内价值链输出碳排放占比较大,而浙江通过简单国内价值链输出碳排放占比较大。内蒙古、河北、江苏、河南、山东的碳输入量位列前五位,占全国碳输入总量的 35.26%。其中内蒙古、河北、江苏、山东、河南均是通过简单国内价值链转入大量碳输入量。

第二,我国省际贸易隐含碳网络结构具有较强的通达性、复杂性、异质性,隐含碳的空间关联效应明显。浙江、江苏、河南、广东和陕西等省份位于网络的核心位置,而宁夏、海南、福建、甘肃、天津、内蒙古、广西、青海等省份则位于边缘位置,受中心位置影响和控制。聚类分析表明,我国碳排放存在明显的由经济发达地区向经济欠发达地区转移的现象。广东、江苏、浙江等 7 个省份通过进口产品和服务间接将碳输入辽宁、山东、内蒙古、山西、宁夏等 13 个省份。

第三,QAP 分析结果显示,地理因素、产业结构、要素禀赋对碳空间关联的影响显著为正,经济发达地区基于比较优势,通过进口资源消耗型和劳动密集型产品促进碳的空间转移。

第一节 引言

2020 年,全球年平均温度比工业化前(1850—1900 年)平均水平高出 1.2℃。[①] 气候变暖现象日益严峻,极端天气事件时有发生,对实现《巴黎协定》1.5℃的温控目标带来了巨大的挑战。[②] 党的十九届五中全会也将加快推动绿色低碳发展,降低碳排放强度,支持有条件的地方率先达到碳排放峰值写入"十四五"规划。2020 年,中国碳排放量的全球占比达 30.7%,依然是全球碳排放量最大的国家。[③] 为实现碳达峰碳中和目标,中国面临紧迫的挑战,减碳行动早已迫在眉睫、箭在弦上。我国各地区经济发展规模、要素禀赋、产业结构参差不齐,促进了区域间贸易的蓬勃发展。区域间贸易在满足不同地区居民生产和消费活动的同时,也导致大量的碳排放转移,造成区域间的碳泄漏现象。[④] 当前围绕贸易隐含碳测度方法,因素分解的研究成果十分丰硕,但在测度准确性、研究视角新颖性等方面仍有较大的挖掘空间。一方面,众多学者大多从消费视角出发

---

① 中国气象局.中国气候变化蓝皮书[M].北京:科学出版社:2021.

② 禹湘,陈楠,李曼琪.中国低碳试点城市的碳排放特征与碳减排路径研究[J].中国人口·资源与环境,2020(7):1-9.

③ 王宪恩,赵思涵,刘晓宇,等.碳中和目标导向的省域消费端碳排放减排模式研究——基于多区域投入产出模型[J].生态经济,2021,37(5):43-50.

④ 王宪恩,赵思涵,刘晓宇,等.碳中和目标导向的省域消费端碳排放减排模式研究——基于多区域投入产出模型[J].生态经济,2021,37(5):43-50.

来核算省际贸易隐含碳[①]，进而将碳减排任务具体分解到每个省域，但基于增加值视角核算我国省际碳排放的研究并不多。增加值视角的碳排放核算是将该行业的碳排放与由该行业导致的下游行业的碳排放加总，有助于从价值层面更好地分析各省的实际碳排放。另一方面，已有文献多是利用因素分解方法来分析贸易隐含碳的潜在影响因素，忽略了区域贸易隐含碳的空间关联性，忽视了对碳转移内部作用机理、演变机制的探究，也无法揭示每个省份在区域绿色发展中扮演的角色，更无法具体分析碳转移空间关联网络的驱动机制。为此，本书首先采用多区域投入产出分析模型，从增加值视角核算了中国 30 个省份 27 个行业的贸易隐含碳，揭示了各省的碳排放量和碳空间转移量。其次借助社会网络分析方法刻画了省域碳转移空间网络结构特征，描述了整体网络属性，揭示了网络中各省份的碳转移特性，通过对各省份进行聚类分块，对各板块的角色、作用进行了识别。最后利用 QAP 分析法解析了贸易隐含碳的空间关联因素。本书系统分析了贸易隐含碳的内在演变机理和外在驱动机制，研究了碳减排的实现路径，为"碳达峰碳中和"远景目标的实现提供了有益参考和决策支撑。

　　碳排放的核算是有效落实碳减排目标、合理分配碳减排责任的基础研究和关键问题。已有文献主要从三个视角来测算碳排放：生产者视角、消费者视角和增加值视角。虽然不同视角下总的碳排放量相同，但不同省份、不同行业仍然可能有较大差别。

　　基于生产端的碳排放是从生产者的角度，将生产和服务产生的碳排放均归责于生产者。有学者采用表观能耗法测度了 2000—2012 年中国各省的碳排放量，发现中国西北和北部地区人均二氧化碳排放量远高于中部和东部沿海地区。[②] 但由于在生产端核算过程中未区分本地区或外地区最终使用了产品和服务，存在外地消费引致本地碳排放量增加的现

　　① Zhang P，Yin G，Duan M. Distortion effects of emissions trading system on intra-sector competition and carbon leakage：a case study of China[J]. Energy Policy，2020，137：111-126.

　　② Shan Y，Liu J，Liu Z et al. New provincial CO$_2$ emission inventories in China based on apparent energy consumption data and updated emission factors[J]. Applied Energy，2016，184：742-750.

象,即碳泄漏。

基于消费端的碳排放是从消费者的角度,本着谁消费谁承担的原则,把其归责于消费者。[①] 彭水军基于全球投入产出表测算了中国碳排放,发现中国生产端碳排放远大于消费端碳排放。[②] Mi 等采用多区域投入产出法比较了河北省 11 个城市 2012 年生产端和消费端的碳排放量,认为 50% 以上的消费端碳排放来自区域间碳转移。[③] Wang 等通过核算 2007 年和 2012 年中国省际碳足迹,发现中国碳转移主要由河北、内蒙古等省份转向东部沿海省份。[④] Zheng 等采用 2012—2015 年多区域投入产出表测算了中国各区域消费端碳排放,指出中国消费端碳排放在 2013 年达到峰值,但西部和中部地区由于区域碳泄漏导致碳排放量增加。[⑤]

虽然消费端碳排放揭示了生产和服务所隐含的碳排放,但由于此计算过程将减碳的责任归责于消费者,导致对生产端缺乏减碳约束。[⑥]

基于增加值视角的碳排放是从价值链的角度入手测算各环节碳排放的产生和转移情况。王安静等完善了增加值贸易统计框架,将一个国家的增加值分解成五部分,为区域层面碳排放的分解研究提供了潜在可能性。[⑦] Meng 等拓宽了碳排放的研究视角,在增加值贸易框架下追溯不同路径的碳排放成本,即单位增加值的碳排放量。[⑧] 潘安基于总贸易核算框架,核算了全球价值链视角下的中美碳转移量,并讨论了不同价值链分

① 黄永明,陈小飞.中国贸易隐含污染转移研究[J].中国人口·资源与环境,2018(10):112-120.

② 彭水军,张文城,卫瑞.碳排放的国家责任核算方案[J]经济研究,2016,51(3):137-150

③ Mi Z, Meng J, Guan D et al. Chinese CO_2 emission flows have reversed since the global financial crisis[J]. Nature Communications,2017(1):1-10.

④ Wang Z, Yang Y, Wang B. Carbon footprints and embodied CO_2 transfers among provinces in China[J]. Renewable and Sustainable Energy Reviews,2018,82:1068-1078.

⑤ Zheng H, Zhang Z, Wei W et al. Regional determinants of China's consumption-based emissions in the economic transition[J]. Environmental Research Letters,2020(7):074001.

⑥ 王安静,孟渤,冯宗宪,等.增加值贸易视角下的中国区域间碳排放转移研究[J].西安交通大学学报(社会科学版),2020(2):85-94.

⑦ 王安静,孟渤,冯宗宪,等.增加值贸易视角下的中国区域间碳排放转移研究[J].西安交通大学学报(社会科学版),2020(2):85-94.

⑧ Meng B, Peters G P, Wang Z. Tracing greenhouse gas emissions in global value chains[R]. Stanford Center for International Development Working Paper, 2015;Meng B, Peters G P, Wang Z et al. Tracing CO_2 emissions in global value chains[J]. Energy Economics, 2018,73:24-42.

工对贸易隐含碳排放的驱动作用。① 余丽丽和彭水军将中国区域投入产出表嵌入全球投入产出表,利用多区域投入产出模型和结构分解方法,从因素分解的角度解析了我国全球价值链视角下的增加值碳转移效应。②

以往文献多是从区域贸易隐含碳排放数量的角度进行解析,忽视了贸易隐含碳的空间关联关系。由于区域分工合作的不断加深,碳排放从单一的主体特征演变成复杂多节点的网络形态。区分区域内各主体在碳转移网络中扮演的角色、发挥的作用和所在的位置能对碳减排的实施产生积极促进作用。虽然张德钢和陆远权③,张同斌和孙静④,邵海琴和王兆峰⑤等采用社会网络分析法研究了国际、国内碳排放的网络结构特征和转移路径,但都是基于传统的消费端视角或效率视角,没有将价值链考虑在内。现阶段的研究主要是利用全球投入产出表从增加值的角度对全球贸易隐含碳排放网络进行刻画和分析,但利用社会网络分析法从国内不同区域增加值视角分析贸易隐含碳转移情况的研究少之又少。本书在已有研究的基础上,将区域间投入产出分析方法和社会网络分析法相结合,构建2017年中国30个省份增加值视角下的贸易隐含碳转移网络,从整体属性、个体特征、网络板块分类等多维度指标,综合分析碳转移网络的结构特征,识别个体作用,揭示板块角色,解析碳转移驱动因素,为合理建立区域协同减排机制提供对策和建议。

① 潘安.全球价值链视角下的中美贸易隐含碳研究[J].统计研究,2018(1):53-64.

② 余丽丽,彭水军.中国区域嵌入全球价值链的碳排放转移效应研究[J].统计研究,2018(4):16-29.

③ 张德钢,陆远权.中国碳排放的空间关联及其解释——基于社会网络分析法[J].软科学,2017(4):15-18.

④ 张同斌,孙静."国际贸易—碳排放"网络的结构特征与传导路径研究[J].财经研究,2019(3):114-126.

⑤ 邵海琴,王兆峰.中国交通碳排放效率的空间关联网络结构及其影响因素[J].中国人口·资源与环境,2021,31(4):32-41.

第二节 研究方法

一、投入产出法

投入产出法于 1936 年前后由美国著名经济学家列昂惕夫(Leontief)创立,并在世界范围内得到广泛应用。投入产出法能够反映一个系统内各部门间复杂的往来关系,是一种实用性较强的数量经济学领域的分析工具,被应用于国民经济核算、行业管理、企业规划等研究领域中。其基本内容是构建投入产出表,详细描述社会经济系统中不同经济活动部门之间的产品和服务的流动,揭示各产业间的互动关系。在这个模型中,一个经济系统被分为许多部门,每个部门既是其他部门产品的需求者(输入),也是产品的生产者(输出)。整个模型由一系列线性方程构成,默认一个部门的输出是由其他部门的输入决定的,从而可以看到各个经济部门之间的互动关系。投入产出法的一个关键点是可以通过改变输入来影响输出。这种方法在经济和环境政策分析中得到了广泛的应用。例如,它可以用来评估某一政策(如税收政策、环保政策)的改变对各个部门和联动的产业链的影响。同样的,在环保领域,投入产出分析也可以用于计算一个特定产品或服务在"生命周期"中的能源使用和环境影响,帮助理解和管理循环经济。总的来说,投入产出法提供了一种全面分析一个系统中各个部门之间相互关系的工具,是一种在经济分析、环境分析领域甚至在整个社会科学中被广泛应用的模型和方法。

近年来,投入产出法受到了越来越多的关注,更多地被应用在资源环境领域、对外经济与贸易领域、数字经济领域中,在结构分析、关联关系研究中发挥着不可替代的作用,是经济学研究领域应用最广泛的分析工具之一。在经济政策制定和评估方面,投入产出法可以帮助政策制定者理解经济政策如何影响整个经济系统。例如,政策调整对税收、就业、资本投资等的影响,以及这些影响如何传导给各个经济部门。在区域经济规划方面,投入产出法可用于确认区域或地方经济中的产业结构和产业关联性,为产业转型和升级、招商引资和实施数字化投资等政策提供决策依据。在环境评估方面,投入产出法经常被用于环境影响分析。例如,"生命周期评估"就是应用这种方法去计算在某个产品或服务在整个生命周期中(从原材料的提取,到制造、使用,再到废弃处理)涉及的能源消耗、污染物排放和其他环境影响。在能源分析方面,利用投入产出法分析可以对一个国家或地区的能源供需进行分析,从而为能源决策提供依据。在社会经济影响研究方面,投入产出法也可以用于分析一项政策或事件对社会经济的影响,如某一政策对当地旅游业的影响、大型活动或灾害对当地经济的影响等。

按照分析和研究时期的不同,投入产出模型分为静态投入产出模型和动态投入产出模型两大类。按照计量单位的不同,投入产出模型又可分为价值型投入产出模型、实物型投入产出模型、劳动型投入产出模型、能量型投入产出模型和混合型投入产出模型五大类。按照模型编制的范围,投入产出模型可分为世界投入产出模型、全国投入产出模型、地区投入产出模型、部门投入产出模型、企业投入产出模型、地区间(国家间)投入产出模型等。

静态投入产出模型是投入产出模型中最基本的模型,是其他投入产出模型的基础,是一种描述特定时期内一个经济系统中的生产活动和消费活动的模型。这个模型假定,在分析的时期内,技术水平(即生产1单位产品需要投入的成本)和最终需求(消费者和投资者对产品的需求)都是固定不变的。静态投入产出模型由一组线性代数方程组成,每个方程都代表一种生产关系:该部门的输出是它生产所需的各种投入(包括可再生和不可再生资源、人力、资金等)的函数;同时,每个部门的生产又会成为其他部门的投入。因此,这些方程之间是相互关联的,每个部门的产出和投入都会对整个经济系统产生影响。这个模型的关键意义在于,它提供了一种理解和分析整个经济系统的工具,可以揭示不同部门间的相互关联和影响,可以评估经济政策或经济活动的全局效应。例如,提高某个部门的生产效率会如何影响其他部门的生产和整个系统的经济增长;增加一个部门的投入会如何改变全局的资源配置和经济输出。下面主要对单区域投入产出模型和多区域投入产出模型两种静态投入产出模型进行介绍。

（一）单区域投入产出模型

单区域静态价值型投入产出模型(简称单区域投入产出模型)以一个国家或地区的国民经济为分析对象,用于反映某一时期各部门之间的投入产出关系,详见表 2-1。

表 2-1　单区域投入产出关系

投入		中间需求				最终需求			总产出
		1	2	⋯	n	消费	资本形成	净出口	
中间投入	1	Ⅰ				Ⅱ			x_i
	2								
	⋮								
	n	$z_{i,j}$				f_i			
最初投入	固定资产折旧	Ⅲ				Ⅳ			
	从业人员报酬								
	生产税净额	v_j							
	营业盈余								
总投入		x_j							

1.行向平衡关系

投入产出表从水平方向来看表示各部门产品在国民经济体系中的分配和使用情况,即用于中间需求和用于最终需求的情况。每个部门产品的产出量为该部门产品的中间需求量和最终需求量的合计,即中间需求＋最终需求＝总产出(总产品)。第 i 部门的行向平衡关系式为

$$\sum_{j=1}^{n} z_{i,j} + f_i = x_i \quad (i = 1, 2, \cdots, n) \tag{2-1}$$

2. 列向平衡关系

投入产出表从垂直方向来看表示各部门产品的投入构成,即来自中间投入和初始投入的情况。每个部门的总投入量等于该部门产品的中间投入量和最初投入量的合计,即中间投入＋最初投入＝总投入。第 j 部门的列向平衡关系式为

$$\sum_{i=1}^{n} z_{i,j} + v_j = x_j \quad (j = 1, 2, \cdots, n) \tag{2-2}$$

3. 直接消耗系数

直接消耗系数从投入产出表的列向来描述各部门之间的关系,给出了各部门单位产出的中间消耗结构。直接消耗系数表示某一部门生产单位产品对相关部门产品的直接消耗,具体公式为

$$a_{i,j} = \frac{z_{i,j}}{x_j} \quad (i, j = 1, 2, \cdots, n) \tag{2-3}$$

式中,$a_{i,j}$ 表示第 j 部门生产单位产品对第 i 部门的直接消耗量,又称为第 j 部门对第 i 部门产品的直接消耗系数,它反映了在一定技术水平下第 j 部门与第 i 部门间的技术经济联系,因此,直接消耗系数又被称为技术系数、投入系数。

4. 直接分配系数

投入产出表的行向可以反映各部门产品的分配情况,定义为直接分配系数,具体公式为

$$h_{i,j} = \frac{z_{i,j}}{x_i} \quad (i, j = 1, 2, \cdots, n) \tag{2-4}$$

式中,$z_{i,j}$ 从列向上看展示了第 j 部门对第 i 部门产品的直接消耗量,从行向上看则表示第 i 部门分配(或投入)到第 j 部门的产品数量。因此,直接分配系数 $h_{i,j}$ 的含义是第 i 部门的单位产出中第 j 部门所能分配到的产品份额,因此,直接分配系数又被称为产出系数。

(二)多区域投入产出模型

多区域投入产出模型是一种用来分析不同区域(例如城市、国家或地理区域)间经济交流的经济模型。在该模型中,每个区域都被视为一个独立的经济体,具有自己的投入产出表。表的每一行表示一个产业从其他

产业购买产品和服务的总量(即投入),每一列表示一个产业销售给其他产业和消费者的产品和服务的总量(即产出)。多区域投入产出模型可以用来反映从产业链条、产品链条、价值链条等多个角度进行全球宏观经济结构分析的动态过程,也可以用来报告一国(地区)经济活动对环境、资源、就业等多个领域造成的直接或间接影响。

该模型主要应用于环境经济、区域规划和区域政策比较等领域。例如,可以通过此模型对全球温室气体排放的来源进行分析,以更好地制定气候变化政策。

本章采用多区域投入产出模型来测度某省的国内贸易隐含碳,如 G 省 N 部门的国内投入产出情况(见表 2-2)

表 2-2 国内投入产出

投入		中间使用				最终需求				出口	总产出
		1	2	⋯	g	1	2	⋯	g		
中间投入	1	Z_{11}	Z_{12}	⋯	Z_{1g}	Y_{11}	Y_{12}	⋯	Y_{1g}	EX_1	X_1
	2	Z_{21}	Z_{22}	⋯	Z_{2g}	Y_{21}	Y_{22}	⋯	Y_{2g}	EX_2	X_2
	⋮	⋮	⋮	⋮	⋮	⋮	⋮	⋮	⋮		
	g	Z_{g1}	Z_{g2}	⋯	Z_{gg}	Y_{g1}	Y_{g2}	⋯	Y_{gg}	EX_g	X_g
	进口	IM_1	IM_2	⋯	IM_g	YIM_1	YIM_2	⋯	YIM_g		
增加值		$Va_1, Va_2, \cdots, Va_g$									
总投入		$X_1{'}, X_2{'}, \cdots, X_g{'}$									

$Z_{i,j}$ 和 $Y_{i,j}$ 分别表示区域 i 出口到区域 j 并作为区域 j 中间使用和最终消费的需求矩阵。IM_i、Va_i 和 $X_i{'}$ 分别是区域 i 的中间品进口矩阵、增加值向量和总投入向量。EX_i、YIM_i 和 X_i 分别是区域 i 的出口向量、最终品进口向量和总产出向量。具体投入产出模型为

$$
\begin{bmatrix} X_1 \\ X_2 \\ \vdots \\ X_g \end{bmatrix} = \begin{bmatrix} A_{11} & A_{12} & \cdots & A_{1g} \\ A_{21} & A_{22} & \cdots & A_{2g} \\ \vdots & \vdots & \ddots & \vdots \\ A_{g1} & A_{g2} & \cdots & A_{gg} \end{bmatrix} \begin{bmatrix} X_1 \\ X_2 \\ \vdots \\ X_g \end{bmatrix} + \begin{bmatrix} Y_1 \\ Y_2 \\ \vdots \\ Y_g \end{bmatrix} \tag{2-5}
$$

其中 $A_{i,j}(i\neq j)$ 为区域 j 对区域 i 的中间品需求系数矩阵，$A_{i,i}$ 为区域 i 的直接系数矩阵。整理得到如下公式

$$
\begin{bmatrix}
X_{11} & X_{12} & \cdots & X_{1g} \\
X_{21} & X_{22} & \cdots & X_{2g} \\
\vdots & \vdots & \ddots & \vdots \\
X_{g1} & X_{g2} & \cdots & X_{gg}
\end{bmatrix}
=
\begin{bmatrix}
B_{11} & B_{12} & \cdots & B_{1g} \\
B_{21} & B_{22} & \cdots & B_{2g} \\
\vdots & \vdots & \ddots & \vdots \\
B_{g1} & B_{g2} & \cdots & B_{gg}
\end{bmatrix}
\cdot
\begin{bmatrix}
Y_{11} & Y_{12} & \cdots & Y_{1g} \\
Y_{21} & Y_{22} & \cdots & Y_{2g} \\
\vdots & \vdots & \ddots & \vdots \\
Y_{g1} & Y_{g2} & \cdots & Y_{gg}
\end{bmatrix}
\tag{2-6}
$$

$$
\begin{bmatrix}
B_{11} & B_{12} & \cdots & B_{1g} \\
B_{21} & B_{22} & \cdots & B_{2g} \\
\vdots & \vdots & \ddots & \vdots \\
B_{g1} & B_{g2} & \cdots & B_{gg}
\end{bmatrix}
=
\begin{bmatrix}
I-A_{11} & -A_{12} & \cdots & -A_{1g} \\
-A_{21} & I-A_{22} & \cdots & -A_{2g} \\
\vdots & \vdots & \ddots & \vdots \\
-A_{g1} & -A_{g2} & \cdots & I-A_{gg}
\end{bmatrix}_{-1}
\tag{2-7}
$$

B 为列昂希夫逆矩阵。由式(2-7)可得

$$
X_j = \sum_{u=1}^{g}\left(B_{j,u}\sum_{t\neq i}^{g}Y_{u,t}\right)
\tag{2-8}
$$

进一步得到

$$
X_{i,j} = L_{i,i}A_{i,j}X_j + L_{i,i}A_{i,j}\sum_{u=1}^{g}\left(B_{j,u}\sum_{t\neq i}^{g}Y_{u,t}\right)
\tag{2-9}
$$

式(2-9)中，$L_{i,i}$ 是区域 i 的列昂希夫逆矩阵。

$$
X_i = \sum_{j=1}^{g}X_{i,j} = X_{i,i} + \sum_{j=1,j\neq i}^{g}X_{i,j}
\tag{2-10}
$$

将式(2-9)代入式(2-10)，并代入式(2-8)，可得

$$
\begin{aligned}
X_i =\ & L_{i,i}Y_{i,i} + L_{i,i}\sum_{i=1,i\neq j}^{g}Y_{i,j} + L_{i,i}\sum_{i=1,i\neq j}^{g}A_{i,j}X_j \\
=\ & L_{i,i}Y_{i,i} + L_{i,i}\sum_{i=1,i\neq j}^{g}Y_{i,j} + L_{i,i}\sum_{i=1,i\neq j}^{g}A_{i,j}L_{i,j}Y_{i,j} \\
& + L_{i,i}\sum_{t=1,j\neq i}^{g}A_{i,j}\sum_{u=1}^{g}B_{j,u}Y_{u,i} + L_{i,i}\sum_{j=1,j\neq i}^{g}A_{i,j}\sum_{u=1}^{g}B_{t,u}Y_{u,j} - L_{i,i}\sum_{j=1,j\neq i}^{g}A_{i,j}L_{i,j}Y_{i,j} \\
& + L_{i,i}\sum_{t=1,j\neq i}^{g}A_{i,j}\sum_{u=1}^{g}B_{j,u}\sum_{t\neq i}^{g}Y_{u,t} + \ell
\end{aligned}
\tag{2-11}
$$

定义二氧化碳的碳排放系数对角矩阵为 $\hat{f}_s$，式(2-11)两边同时乘以 $\hat{f}_s$，得到各省份的二氧化碳排放量分解公式，即

$$C_i' = \hat{f}_i L_{i,i} Y_{i,i}(C_1) + \hat{f}_i L_{i,i} \sum_{i=1,i\neq j}^{g} Y_{i,j}(C_2) + \hat{f}_i L_{i,i} \sum_{j=1,j\neq s}^{g} A_{i,j} L_{i,j} Y_{i,j}(C_3)$$

$$+ \hat{f}_i L_{i,i} \sum_{t=1,t\neq i}^{g} A_{i,j} \sum_{u=1}^{g} B_{j,u} Y_{u,i}(C_4) + \hat{f}_i L_{i,i} \sum_{j=1,j\neq i}^{g} A_{i,j} \left(\sum_{u=1}^{g} B_{t,u} Y_{u,j} \right.$$

$$\left. - A_{i,j} L_{i,j} Y_{i,j} \right)(C_5) + \hat{f}_i L_{i,i} \sum_{j=1,j\neq i}^{g} A_{i,j} \sum_{u=1}^{g} B_{j,u} Y_{u,i}(C_6) + \ell(C_7) \quad (2\text{-}12)$$

式中，C_1 表示二氧化碳隐含在地区 i 自己使用的最终产品中；C_2 表示二氧化碳隐含在由地区 i 生产的最终产品被出口到地区 j 来满足地区 j 的最终需求中；C_3 表示二氧化碳隐含在地区 i 的中间产品出口到地区 j 作为地区 j 的中间产品投入到生产中；C_4 表示二氧化碳隐含在地区 i 的中间产品经过出口和再次进口最终由地区 i 消费；C_5 表示二氧化碳隐含在地区 i 的中间产品经过两次转移后进口到地区 j；C_6 表示二氧化碳隐含在地区 i 的中间产品经过两次出口后再转移到第三地区 t 最终使用；C_7 表示地区 i 的境外出口部门。由于本章只研究中国各省间的贸易隐含碳，因此不考虑 C_7。其中涉及区域间碳转移的包括 C_2、C_3 和 C_5。最终区域 i 提供的中间产品和最终消耗中的隐含碳排放量为

$$\mathrm{TC}_{i,j} = \hat{f}_i L_{i,i} Y_{i,j} + \hat{f}_i L_{i,i} A_{i,j} L_{i,j} Y_{i,j} L_{i,j} Y_{i,j}$$

$$+ \hat{f}_i L_{i,i} A_{i,j} \left(\sum_{u=1}^{G} B_{t,u} Y_{u,j} - A_{i,j} L_{i,j} Y_{i,j} \right) \quad (2\text{-}13)$$

式中，$\mathrm{TC}_{i,j}$ 指地区 i 为生产出口到地区 j 的中间产品和最终产品而产生的二氧化碳排放量。本章根据已有文献，认为部分来自传统价值链，部分来自简单国内价值链，部分来自复杂国内价值链。

二、网络关联视角下隐含碳的研究方法和数据

(一)隐含碳整体网络结构刻画

本章主要通过计算四个指标(网络密度、网络关联度、网络等级度和网络效率)来刻画整体网络结构。

网络密度是网络中实际存在的边的数量与最大可能存在的边的数量的比值，用来刻画网络结构的紧密程度。网络密度越大，网络成员间关系

越紧密,该网络对其中节点的影响越大。如果网络中有 P 个节点、N 条边,则网络密度 D 的计算公式为

$$D=\frac{P}{N(N-1)} \tag{2-14}$$

网络关联度用来刻画网络的可达性。如果 Q 为该网络中不可达的点对数,网络关联度 C 的计算公式为

$$C=1-\frac{2Q}{N(N-1)} \tag{2-15}$$

网络等级度用来刻画网络结构中各节点非对称可达的程度。网络等级度 GH 的计算公式为

$$GH=1-\frac{V}{\max(V)} \tag{2-16}$$

式中,V 为网络中对称可达的点对数。Max(V) 为 i 可达 j 或者 j 可达 i 的点对数。网络等级度越大,表明网络等级结构越复杂。

网络效率指在已知网络中所包含的成分数确定的情况下,网络在多大程度上存在着多余的线。网络效率 GE 的计算公式为

$$GE=1-\frac{K}{\max(K)} \tag{2-17}$$

式中,K 为多余线条数,$\max(K)$ 为可能的多余线条数的最大值。网络效率越高,说明网络越冗余,各节点关系越不紧密,稳定性越低。

(二)隐含碳个体网络结构刻画

为了更好地了解个体在网络结构中所处的地位、角色和作用,本章选取点度中心度、中介中心度和接近中心度来刻画碳转移的个体网络结构。点度中心度通过计算各节点在网络中的直接连带数量来确定,可根据数值的大小判断该节点是否处于网络的中心位置,是否具有支配地位和优先选择权。由于网络的边是有向的,点度中心度可以分成点入中心度和点出中心度。中介中心度反映某个节点和其他节点的关联程度。中介中心度越大,则该节点对其他节点的影响作用越强,媒介功能越强。接近中心度反映网络中某个节点与其他节点的紧密程度,接近中心度越大,该节点与其他节点联系越紧密。

在一个有向网络中，中心度又被分为出度和入度，其计算公式为

$$C_{DO}(n_i) = \frac{1}{n-1} \sum_{j=1}^{n} R_{i,j} \qquad (2\text{-}18)$$

$$C_{DI}(n_i) = \frac{1}{n-1} \sum_{j=1}^{n} R_{ji} \qquad (2\text{-}19)$$

式中，$C_{DO}(n_i)$ 表示出度，$C_{DI}(n_i)$ 表示入度，$R_{i,j}$ 表示从节点 i 到节点 j 的转移关系数，R_{ji} 表示从节点 j 到节点 i 的关系数。

点度中心度是指与某个节点具有碳转移关系的节点的数量，点度中心度越大，表示中心化程度越高，该地区在地区间碳转移网络中的地位越高，具有优先选择权，其计算公式为

$$D_{EI} = \frac{C_{DI,i} + C_{DO,i}}{2(n-1)} \qquad (2\text{-}20)$$

中介中心度是节点与其他节点之间关联度的度量指标，反映节点在网络中充当中间媒介的能力大小。中介中心度越大，则该节点对其他节点的影响力越大，其计算公式为

$$D_B(n_i) = \sum_{i=1}^{n} \sum_{j=1}^{n} \frac{d_{i,j}(m_t)}{d_{i,j}} \qquad (2\text{-}21)$$

式中，$d_{i,j}(m_t)$ 表示从节点 i 到节点 j 并通过中间节点 t 的最短路径数量，$d_{i,j}$ 表示节点 i 和节点 j 之间最短路径的总数。接近中心度反映了碳转移网络中节点与其他节点联系的接近程度，接近中心度越大，则该节点与其他节点间距离越近，联系越紧密。其中，相对接近中心度可以使网络中不同节点的接近中心度易于比较，其计算方式为

$$CC_i = \frac{n-1}{\sum_{j=1}^{n} d_{i,j}} \qquad (2\text{-}22)$$

（三）隐含碳网络空间聚类分析

块模型通过空间聚类，将角色相同或相似的节点划分到同一个板块，计算各板块内部和板块间的接收关系、发出关系、期望的内部关系比例和实际内部关系比例，对板块进行角色划分。空间关系板块通常被分为四类：一是净受益板块，该板块向其他板块溢出的关系显著少于该板块接收的关系，即"受益"远远多于"溢出"；二是净溢出板块，该板块内部很少彼

此关联,接收到的外部联系非常少,主要向外部板块发出联系;三是双向溢出板块,该板块成员间彼此发出关系,也向外部板块发出关系,但接收外部板块关系数量很少;四是中间人角色,该板块成员间联系较少,主要向外发出关系和接收外部关系。

(四)隐含碳网络 QAP 模型分析

已有研究缺少从非线性空间关联视角去分析贸易隐含碳的关联关系,为此,本章采用 QAP 模型来进一步解析贸易隐含碳的潜在关联因素。QAP 模型通过对两个矩阵中元素的相似性比较,来计算矩阵之间的相关系数,通过系数的置换参数检验来判断结论的可靠性。根据已有文献,本章从地理距离、经济规模、要素禀赋、产业结构和环境规制五个方面来分析隐含碳的影响因素。具体模型为 $C = f(Dd, Gd, Id, Ed, Rd)$,其中,$C$ 是隐含碳网络矩阵;Dd 是地理距离差异矩阵;Id 是产业结构差异矩阵[①];Gd 是经济规模差异矩阵;Ed 是要素禀赋差异矩阵[②];Rd 是环境规制差异矩阵[③]。

三、数据来源

本章参考 Zheng 等[④]编制的中国区域间投入产出表和 CEADS 团队编制的中国各省碳排放清单,根据能源使用情况将 42 个部门合并成 27 个部门。贸易隐含碳网络的影响因素(见表 2-3)的数据来自 EPS 数据库。[⑤]

---

① 李金铠,马静静,魏伟.中国八大综合经济区能源碳排放效率的区域差异研究[J].数量经济技术经济研究,2020,37(6):109-129.

② 张友国.碳排放视角下的区域间贸易模式:污染避难所与要素禀赋[J].中国工业经济,2015(8):5-19.

③ 邓玉萍,王伦,周文杰.环境规制促进了绿色创新能力吗? ——来自中国的经验证据[J].统计研究,2017(7):1-11.

④ Zheng H, Zhang Z, Wei W et al. Regional determinants of China's consumption-based emissions in the economic transition[J]. Environmental Research Letters,2020(7):074001.

⑤ 由于西藏等地区缺少碳排放数据,因此本章只收录了 30 个省份的数据。

表 2-3　贸易隐含碳空间关联的影响变量与因素测度

影响因素	变量	测度
地理临近	地理距离差异矩阵(Dd)	地理是否邻接,如果邻接,赋值为 1;不邻接,则为 0
经济规模	经济规模差异矩阵(Gd)	各省人均 GDP 差异的绝对值
产业结构	产业结构差异矩阵(Id)	用第二产业产值和第三产业产值的比值来代表产业结构水平,并计算各省产业结构差异的绝对值
要素禀赋	要素禀赋差异矩阵(Ed)	以各省资本存量和各地区 R&D 人员全时当量的乘积与年末就业人数的比值为要素禀赋水平,并计算各省要素禀赋水平差异的绝对值
环境规制	环境规制差异矩阵(Rd)	利用加权熵值法将单位产值环境保护投资额、二氧化硫排放总量和氮氧化物排放总量三个指标合成环境规制指数,计算各省环境指数差异的绝对值

第三节　结果分析

一、隐含碳网络结构分析

　　各区域产业结构、经济发展水平、地理邻近状况不同造成贸易隐含碳的区域转移存在空间异质性。东部沿海地区和中部京津冀地区是碳排放的主要输出端,而西北和东北区域是碳排放的主要输入端。2015 年、2017 年中国省际贸易隐含碳统计数据(见表 2-4)显示,2017 年中国省际碳排放转移量为 3632.86 万吨,比 2015 年(3496.3 万吨)增长了 3.91%。2017 年输出碳排放最高的五个省份分别为河南、广东、浙江、江苏和北京,其碳排放输出总量占全国碳转移总量的 44.45%。2017 年,河南的输出碳排放量为 433.06 万吨,比 2015 年(249.53 万吨)增长了 73.6%;广东的输出碳排放量为 409.31 万吨,比 2015 年(227.28 万吨)增长了 80.10％;浙江的输出碳排放量为 289.33 万吨,比 2015 年(262.50 万吨)增长了10.22％。2015 年和 2017 年,除广东和河南外,碳排放输出端增长率超过 50％的省份是宁夏(186.83％)、河北(86.60％)、黑龙江(51.91％)、贵州(52.36％)。河北(31.08 万吨)、山西(32.38 万吨)、内蒙古(53.82万吨)、山东(33.84 万吨)是河南的主要碳排放输出目的地,河北(25.44万吨)、河南(33.97 万吨)、内蒙古(39.73 万吨)、山东(24.47 万吨)是广东的主要碳排放输出目的地。

河南、江苏既是碳排放输出大省,也是碳排放输入大省。在 2017 年的碳排放输入端中,内蒙古(339.91 万吨)、河北(275.02 万吨)、江苏(223.43 万吨)、河南(223.11 万吨)、山东(219.33 万吨)位列前五,碳排放输入总量占全国碳排放输入总量的 35.26％。内蒙古较 2015 年(306.33 万吨)增长了 10.96％,山东较 2015 年(181.31 万吨)增长了20.97％,其余三省 2017 年输入端碳排放增量均为负。除了内蒙古、山东,吉林、海南、辽宁、上海、宁夏、黑龙江输入端碳排放增长率分别为51.46％、30.35％、30.12％、27.69％、27.51％、22.56％,位列前六名。

表 2-4　2015 年和 2017 年中国省际贸易隐含碳统计情况　　（单位:万吨）

省份	2015 年			2017 年		
	输出碳排放	输入碳排放	净碳出口	输出碳排放	输入碳排放	净碳出口
北京	207.69	36.46	171.23	209.77	36.58	173.19
天津	106.56	53.11	53.45	54.70	57.22	−2.53
河北	99.65	290.01	−190.37	185.94	275.02	−89.09
山西	59.31	207.75	−148.44	43.88	218.50	−174.62
内蒙古	66.76	306.33	−239.56	53.82	339.91	−286.09
辽宁	86.19	162.19	−76.00	64.84	211.04	−146.20
吉林	82.09	76.72	5.37	95.48	116.20	−20.72
黑龙江	80.19	105.84	−25.64	121.82	129.72	−7.90
上海	118.71	70.09	48.62	69.33	89.50	−20.17
江苏	322.81	315.01	7.80	273.31	223.43	49.87
浙江	262.50	120.82	141.69	289.33	111.80	177.53

续表

省份	2015 年			2017 年		
	输出碳排放	输入碳排放	净碳出口	输出碳排放	输入碳排放	净碳出口
安徽	172.06	166.25	5.82	89.41	162.74	−73.33
福建	46.83	78.67	−31.84	25.06	77.79	−52.74
江西	92.74	75.45	17.29	104.65	90.06	14.60
山东	128.18	181.31	−53.13	76.53	219.33	−142.80
河南	249.53	223.87	25.65	433.06	223.11	209.94
湖北	158.27	66.71	91.56	58.07	47.52	10.55
湖南	122.87	80.40	42.47	153.11	69.39	83.72
广东	227.30	78.30	148.99	409.31	103.84	305.47
广西	71.41	85.44	−14.03	66.96	96.23	−29.28
海南	31.89	17.89	14.00	17.39	23.32	−5.93
重庆	203.43	57.27	146.16	138.72	70.95	67.77
四川	63.55	77.82	−14.27	62.79	60.97	1.82
贵州	49.62	89.98	−40.36	75.60	98.65	−23.05
云南	116.80	46.46	70.34	110.10	31.35	78.75
陕西	136.68	123.49	13.19	190.22	132.95	57.27
甘肃	36.89	65.15	−28.26	27.00	63.54	−36.54
青海	13.54	15.97	−2.43	12.97	8.67	4.29
宁夏	12.37	65.13	−52.77	35.47	83.05	−47.58
新疆	69.91	156.42	−86.51	84.24	160.47	−76.24

作为碳排放净输入省份,内蒙古从河南、广东、河北、北京进口的碳排放量分别为 53.82 万吨、39.73 万吨、27.89 万吨、26.46 万吨,并以 286.09 万吨碳排放转入量位列首位。其后是山西(174.60 万吨)、辽宁(146.22 万吨)、山东(142.80 万吨)。内蒙古、辽宁、山西、山东都是资源消耗大省,矿产资源丰富,高耗能产业发达,但产业现代化水平不高,主要为其他省份提供产业链低端的资源密集型初级产品。广东、河南、浙江、北京以净出口碳排放 305.47 万吨、209.94 万吨、177.53 万吨、173.19 万吨位列前四位。这四个省份或是制造业大省或人口密集型省份,产业结构相对成熟,服务业相对发达,需依赖其他省份提供的产品和服务满足自身的生产需要。

根据式(2-8)可知,省际贸易隐含碳被分解为三条路径:路径 1 为二氧化碳隐含在最终产品中输出到另一个省份,为传统贸易价值链;路径 2 为碳排放隐含在中间产品中输出到另一个省份,并作为该省份的中间产品投入生产满足最终消费,为简单国内价值链;路径 3 为碳排放隐含在经过第三省份加工的中间品中最终输出到另一个省份,为复杂国内价值链。碳排放输出中,河南、广东、江苏、浙江、上海的碳排放分解中,路径 3 的占比较大,这些省份从第三省份进口的中间产品所隐含的碳排放占比较大;内蒙古、山西、四川、青海、云南的碳排放分解中,路径 2 的占比较大,这些省份直接进口中间产品所隐含的碳排放占比较大。碳排放输入中,内蒙古、河北、山东、河南、浙江的碳排放分解中,路径 2 占比较大,即它们生产的中间产品隐含较大碳排放,通过出口产品造成了碳排放的输入;新疆、宁夏、黑龙江、云南的碳排放分解中,路径 3 占比较大,它们通过进口中间产品再出口造成了碳排放的输入;辽宁、海南和四川的碳排放分解中,路径 1 占比较大,传统贸易价值链导致了较大的碳排放输入。

二、隐含碳网络整体网络分析

表 2-5 为 2015 年和 2017 年我国省际贸易隐含碳空间的网络关联度、网络密度、网络等级度、网络效率的演变趋势。其中,网络关联度始终为 1,说明我国省际贸易隐含碳网络可达性较好,所有省份均处于贸易隐含碳网络中,空间溢出现象明显。2017 年的网络密度为 0.34,小于 2015 年的网络密度(0.41),说明碳转移网络关系逐渐疏远,省际空间关联减弱。网络等级度呈现上升趋势,由 2015 年的 0.34 上升为 2017 年的 0.44,说明各省份在碳转移网络中的地位差异正在拉大,且空间关系不稳定,一些省份对其他省份存在明显的空间溢出效应。网络效率呈现上升趋势,说明各省关联线冗余,网络关联性减弱,网络结构不稳定。

综上,我国省际贸易隐含碳网络通达性良好,空间溢出效应显著,但结构不稳定,空间关联性减弱且空间差异明显。由于碳转移网络结构较弱,改变部分地区的碳排放转移量容易对整个省际网络带来重大影响,进而影响整体的碳排放量。碳转移网络森严的等级结构和明显的空间溢出效应为碳减排提供了可能,即通过有效识别核心节点省份、实施相应碳减排政策,可从源头上降低碳排放,减少碳转移。

表 2-5   我国省际贸易隐含碳空间关联的影响变量与因素测度

年份	网络关联度	网络密度	网络等级度	网络效率
2015	1	0.41	0.34	0.41
2017	1	0.34	0.44	0.48

三、碳转移个体网络分析

本章根据修正的引力模型,将脱钩指数正向化处理后计算出数字经济与碳排放脱钩指数的空间关联性,并通过 UCINET 的可视化工具 Netdraw 将 2017 年的空间关联网络可视化(见图 2-1),可以初步看出各省份之间的隐含碳空间关系不存在孤立现象,在空间上显著关联。

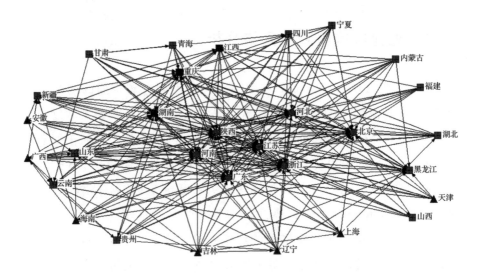

图 2-1   2017 年增加值视角下的中国省际贸易隐含碳空间关联网络

表 2-6 为 2017 年碳转移网络中各省的点度中心度、接近中心度和中介中心度。

从点度中心度来看,浙江、江苏、河南、广东和陕西的中心度并列首位,这些省份在碳转移网络中与其他省份联系紧密,处于网络的中心,拥有较高的支配地位;吉林、广西、海南、重庆和甘肃的点出度位于前五位,这些省份通过出口生产产品和服务输入碳排放,为其他省份承担了碳减排责任;有 20 个省份的点出度大于点出度,它们在碳转移网络中扮演着为其他省份分担碳排放的承受者;10 个省份是碳排放的规避者,将应由自己承担的碳排放份额通过进口转嫁给其他省份。

从接近中心度来看,宁夏、海南、福建、甘肃、天津、内蒙古、广西、青海的中心度位居前列,这些节点省份位于网络的边缘位置,与核心点距离较远,不容易受到核心节点省份的控制,多数具有丰富的自然资源,产业结构偏向高耗能,通过低端产品和服务出口创造产值;江苏、浙江、陕西的接近中心度位列最后三位,这些省份的碳转移路径较短,位于网络中心位置,在信息资源和影响力方面最强。

从中介中心度来看,最大值为 76.59,最小值为 0,极差较大。各省份的中介中心度差异明显,呈现非均衡分布。浙江的中介中心度远远超过其他省份,其次是河北、黑龙江、广东、河南,这些节点的中介中心度较大,在整个碳转移网络中扮演着桥梁和中介的作用,可以对网络中的其他节点起到控制作用。有 17 个省份的中介中心度小于 10,对碳转移网络的控制和支配作用较弱。

表 2-6　2017 年中国省际贸易隐含碳网络的中心性

省份	点度中心度			接近中心度			中介中心度
	点出度	点入度	中心度	点出度	点入度	中心度	
北京	9	23	24	67	35	34	12.21
天津	8	0	8	68	116	50	0.00
河北	9	22	23	67	36	35	36.73
山西	8	1	8	71	64	50	0.13
内蒙古	11	0	11	63	116	47	0.00
辽宁	11	2	12	65	76	46	3.12
吉林	12	3	13	64	73	45	8.14
黑龙江	11	10	16	64	48	42	32.56

省份	点度中心度			接近中心度			中介中心度
	点出度	点入度	中心度	点出度	点入度	中心度	
上海	8	2	9	71	56	49	28.17
江苏	8	29	29	71	29	29	22.27
浙江	10	29	29	66	29	29	76.59
安徽	8	3	9	71	55	49	4.17
福建	8	0	8	69	116	50	0.00
江西	9	9	17	69	49	41	4.89
山东	10	7	16	67	55	42	4.07
河南	10	29	29	66	29	29	30.52
湖北	10	1	11	66	83	47	1.39
湖南	10	22	24	67	36	34	21.23
广东	11	29	29	65	29	29	31.27
广西	12	1	13	62	113	45	0.64
海南	12	0	12	60	116	46	0.00
重庆	12	19	21	65	39	37	51.45
四川	11	2	12	65	66	46	1.30
贵州	10	5	12	65	53	46	24.86
云南	10	11	15	66	47	43	10.73
陕西	9	29	29	67	29	29	18.10
甘肃	12	0	12	61	116	46	0.00
青海	7	1	8	69	113	50	0.00
宁夏	10	0	10	65	116	48	0.00
新疆	10	7	13	67	51	45	4.47

四、碳转移块模型分析

本章以 2017 年我国省际贸易隐含碳转移网络数据为基础,借助 UCINET 软件 CONCOR 板块进行聚类分析,将我国 30 个省份分 4 个板块来研究碳转移网络的空间集聚特征,具体结果见表 2-6 至表 2-8。2017

年,我国省际碳转移网络共包含空间关联关系 592 个,其中板块内关系数为 112 个,板块外关系数为 480 个,由于板块外关系数远远大于板块内关系数,碳转移网络以板块外空间关联和溢出效应为主。

板块一接收关系 190 个,发出关系 66 个,接收关系数大于发出关系数,且实际内部关系比例为 60.61%,大于期望内部关系比例(20.69%),为净受益板块。板块一包括北京、河北、江苏、浙江、河南、广东、陕西 7 个省份,它们的资源禀赋难以维持自己的生产和服务,需要进口大量产品,处于网络的中心位置,是碳排放的输出者。

板块二接收关系 50 个,发出关系 31 个,接收关系数大于发出关系数,且实际内部关系比例(12.90%)大于期望内部关系比例(6.90%),是双向溢出板块。板块二包括江西、重庆、湖南 3 个省份。

板块三接收关系 11 个,发出关系 71 个,实际内部关系比例(7.04%)小于期望内部关系比例(20.69%),为中间人板块。第三板块包括天津、辽宁、吉林、上海、安徽、广西、海南 7 个省份,它们在碳转移网络中起中介和桥梁的作用。

板块四接收关系 45 个,发出关系 128 个,实际内部关系比例(5.47%)远小于期望内部关系比例(41.38%),是净溢出板块。第四板块包括山西、内蒙古、黑龙江、福建、山东、湖北、四川、贵州、云南、甘肃、青海、宁夏、新疆 13 个省份,它们位于碳转移整体网络的边缘位置,通过产品出口到其他省份造成碳排放的溢出效应,多数属于经济欠发达地区,产业基础不完善,但矿产资源丰富,属于能源密集型消耗类型,通过生产粗放型高耗能的初级产品为价值链上游提供服务,产业链被锁定在价值链的中低端,以较大的能源消耗换取较少的增加值。

表 2-7　2017 年中国省际贸易隐含碳网络分块结果

板块	省份
板块一	北京、河北、江苏、浙江、河南、广东、陕西
板块二	江西、重庆、湖南
板块三	天津、辽宁、吉林、上海、安徽、广西、海南
板块四	山西、内蒙古、黑龙江、福建、山东、湖北、四川、贵州、云南、甘肃、青海、宁夏、新疆

表 2-8　2017 年中国省际贸易隐含碳空间关联关系和角色划分

板块	接收关系数（个）		发出关系数（个）		板块成员数量	期望的内部关系比（%）	实际的内部关系比（%）	板块角色划分
	板块内	板块外	板块内	板块外				
板块一	40	150	40	26	7	20.69	60.61	净受益板块
板块二	4	46	4	27	3	6.90	12.90	双向溢出板块
板块三	5	6	5	66	5	20.69	7.04	中间人板块
板块四	7	38	7	121	13	41.38	5.47	净溢出板块

综上，我国区域贸易隐含碳呈现非均衡分布，东部沿海省份如广东、江苏、浙江等属于净受益板块，经济发达，制造业、服务业相对成熟，环境规制相对严格，通过进口初级产品将碳减排的压力转移到了贸易伙伴地区。而东北、西北地区属于净溢出板块，通过源源不断地向净受益板块提供生产和服务要素来承接贸易隐含碳的减排责任。

为了更有效地剖析四个板块之间的碳转移空间关联关系，本章计算了碳转移网络的密度矩阵和像矩阵。如果密度矩阵的元素大于整体网络密度，则像矩阵对应位置取值为 1，反之，取值为 0。根据表 2-9，板块一、板块二、板块三、板块四都对板块一存在碳排放空间溢出效应。板块一与板块二、板块三和板块四都存在贸易往来，这些都使得板块一接受了碳溢出，将碳减排责任转嫁给了其他板块成员。板块二内部，板块一、板块四都对板块二产生了碳排放空间溢出效应。板块一和板块二是主要的碳排放溢出者，而板块三和板块四则是碳排放承受者。

表 2-9　2017 年中国省际贸易隐含碳空间关联网络密度矩阵和像矩阵

板块	密度矩阵				像矩阵			
	板块一	板块二	板块三	板块四	板块一	板块二	板块三	板块四
板块一	0.952	0.476	0.061	0.143	1	1	0	0
板块二	0.905	0.667	0.048	0.179	1	1	0	0
板块三	0.878	0.238	0.119	0.198	1	0	0	0
板块四	0.967	0.795	0.022	0.045	1	1	0	0

五、碳转移的影响因素分析

QAP 模型的判定系数为 11.21%,说明地理距离差异矩阵、经济规模差异矩阵、产业结构差异矩阵、环境规制差异矩阵和要素禀赋差异矩阵这五个变量可以解释贸易隐含碳转移网络结构 11.21% 的差异。由于通常情况下,QAP 模型的判定回归系数远小于 OLS 估计判定回归系数,可以认为 QAP 回归合理。根据表 2-10,经济规模差异矩阵和环境规制差异矩阵系数不显著;地理距离差异矩阵通过了 1% 的显著性检验,标准化回归系数为 0.161,表明越邻近的省份越容易发生贸易隐含碳转移,且随着距离的增加,碳转移难度变大;产业结构差异矩阵通过了 10% 的显著性检验,标准化回归系数为 0.101,表明随着产业结构差异水平的增加,省际贸易隐含碳转移发生的可能性变大。要素禀赋差异矩阵通过了 11% 的显著性检验,标准化回归系数为 0.369,表明随着要素禀赋差异水平的增加,省际贸易隐含碳转移发生的可能性变大。

表 2-10　2017 年中国省际贸易隐含碳空间关联影响因素分析

自变量	QAP 相关分析		QAP 回归分析				
	相关系数	显著性	非标准化回归系数	标准化回归系数	显著性概率	概率 A	概率 B
地理距离矩阵	0.151	0.000	0.215	0.161	0.000	0.000	1.000
经济发展差异矩阵	0.034	0.376	−0.000	−0.209	0.309	0.009	0.991
产业结构差异矩阵	−0.051	0.347	0.002	0.101	0.080	0.080	0.920
环境规制差异矩阵	0.237	0.318	−0.020	−0.028	0.387	0.387	0.613
要素禀赋差异矩阵	0.237	0.007	0.002	0.369			1.000

要素禀赋理论认为,区域间要素禀赋的相对差异促进了贸易的产生,一个国家或地区在产品生产过程中更倾向使用相对充裕且价格偏低的生产要素,而不是进口相对稀缺且价格偏高的生产要素。因此,经济发达地区在资本、技术较为充裕而劳动力短缺、资源稀缺时,往往选择进口资源密集型和劳动密集型产品,这些产品在生产和消费的过程中伴随着碳排放的转移,即贸易隐含碳。

第四节　本章小结

一、结论

本章将多区域投入产出方法和社会网络分析方法相结合,从中国30个省份增加值的视角出发分析了贸易隐含碳转移的情况,具体结论如下:

第一,中国省际贸易隐含碳总量呈现上升趋势,各地区碳转移量存在空间异质性。2017年,河南、广东、浙江、江苏、北京的碳排放输出量位列前五,占全国碳排放输出总量的44.45%。其中河南、广东、江苏、北京通过复杂国内价值链转移的碳排放占比较大,而浙江通过简单国内价值链转移的碳排放占比较大。河南、广东、宁夏、河北、黑龙江、贵州的碳排放输出量明显扩大,增长率大于50%。内蒙古、河北、江苏、河南、山东的碳排放输入量位列前五,占全国碳排放输入总量的35.26%。内蒙古、河北、江苏、山东、河南通过简单国内价值链转移的碳排放占比较大。吉林、山东、海南、辽宁的碳排放输入增长率大于30%,呈上升态势。内蒙古、山西、辽宁、山东是主要的的碳排放净输入省份,而北京、浙江、海南、广东则是主要的碳排放净出口省份。

第二,中国省际贸易隐含碳转移网络通达性良好,网络结构复杂,空间分布不均衡。2017年网络密度比2015年有所下降,网络效率和网络等级度有所提升,表明2017年碳转移网络的稳定性下降,等级化增强。浙江、江苏、河南、广东和陕西等省份在碳转移网络中与其他省份联系紧密,处于网络的中心,拥有较大控制权力。而宁夏、海南、福建、甘肃、天津、内蒙古、广西、青海则位于边缘位置,受中心位置影响,处于被控制地位。有20个省份点出度大于点入度,表明一半以上的省份扮演着为其他省份分担碳排放的承受者。

第三,板块分析表明中国存在明显的经济发达地区向经济欠发达地区输出碳排放的现象。山西、内蒙古、黑龙江、福建、山东、湖北、四川、贵州、云南、甘肃、青海、宁夏、新疆等13个经济欠发达省份是净溢出板块,北京、河北、江苏、浙江、河南、广东、陕西等7个省份是净受益板块。净溢出板块通过产品和服务间接将碳排放输入净受益板块,扮演着劳动力、资源供给的角色。净受益板块接受了自身和来自其他板块的资源供给,将碳排放泄漏到其他板块成员。QAP模型分析结果显示,地理距离、产业结构、要素禀赋的差距对碳溢出的影响显著,经济发达地区基于比较优势,通过进口资源消耗型和劳动密集型产品造成碳泄漏。

二、政策建议

根据已有结论,本章提出以下政策建议。

第一,根据各省实际碳排放量,实行有区别的碳减排责任分配原则。传统碳减排机制仅仅从数量上界定减排责任,却忽视了碳的实际排放主体。价值链端碳排放的核算有助于明确各地区实际碳排放量,认清地区贸易碳隐含碳的路径和特征。根据各省实际碳排放量,实行差异化的碳减排责任分配原则。内蒙古、河北、江苏、山东、河南是初级产品的主要出口省份,主要通过简单的国内价值链进行碳排放转移。对于这些省份,要调整升级能源结构,加强节能低碳技术改造,加快传统制造业转型升级,大力发展新兴产业,向土地、能耗等要素资源倾斜。浙江、河南、广东、江苏和北京主要通过简单的国内价值链或复杂的国内价值链转移碳排放。对于这些省份,要加强进口产品碳核查,抵制高碳产品进口。由于各地区要素禀赋、地理距离、产业结构不同,各地应根据实际情况坚持公平原则,采取有区别的限额减排政策。

第二,根据各地区的板块功能,实施符合当地特色的低碳发展战略。净受益板块中的北京、河北、江苏、浙江、河南、广东、陕西作为碳转移的输入端,应积极面对碳减排责任,在进口商品和服务时,需将隐含的碳排放考虑在内,评价进口企业的低碳发展水平,限制或终止进口高耗能企业产品,要求合作的企业开展碳核查等工作。同时,各省份在计算绿色 GDP 时,将贸易隐含的碳排放量考虑在内,从根本上控制碳的输入量;净溢出板块中山西、内蒙古、黑龙江、福建、山东、湖北、四川、贵州、云南、甘肃、青海、宁夏、新疆是碳转移的输出端,要积极发展清洁生产,通过引进高新技术促进产业转型升级,提高资源能源的使用效率;鼓励企业开展碳足迹核算工作。

第三,在我国多区域隐含碳网络中,应将重点放在具有高介数中心性的隐含碳关键传输部门上,这些部门在碳减排政策中起着至关重要的作用。我们应积极提升这些关键传输部门的生产效率,通过优化生产流程和技术应用,降低能源消耗,减少资源浪费。碳减排政策的制定和实施,应着眼于高耗能、高资源消耗部门,识别出具有高介数中心性的隐含碳关键传输部门。这些部门在我国多区域隐含碳网络中的重要性不容忽视,提高它们的生产效率对减少碳排放有着重要的推动作用。应该推动这些关键传输部门通过生产效率的不断提升,减少对上游产业部门高耗能产品的依赖。这一转变将促使它们逐渐转向更高效、更环保的生产方式,从而减少整个经济系统的碳排放。这是一个长期而复杂的过程,需要持续的努力和投入,以确保我国在碳减排方面的目标得以实现。

第四,制定因地制宜的发展战略。各省份在制定发展战略时,需要充分考虑所处的碳排放板块功能,以实施符合当地碳排放特征的发展战略。在商品贸易和经济交流过程中,应将隐含碳排放纳入考虑。对碳排放较高的省份,应限制或终止高碳排高耗能产品的流入和流出,而净流出省份则需要大力发展清洁生产,推动低碳技术发展,提高生态效率,完善产业结构。大部分贸易隐含碳排放源于本地的经济活动,但省际转移同样不容忽视,这说明各省份产业之间存在一定的不完备性和差异性。因此,应该加强各区域间的沟通合作,在省际合作交流的过程中,要努力提高经济发展的多样性、创新性,以期实现完善产业结构、形成低能耗低排放的产业结构、推动经济的低碳可持续发展等目标。这样不仅有助于实现可持续发展目标,同时也有利于减少环境污染和生态破坏。

第三章 经济增长与碳排放的脱钩效应研究

在"双碳"目标和数字经济的时代背景下,研究碳排放脱钩效应及数字化发展对碳排放脱钩的作用机制具有重要意义。本章基于 Tapio 脱钩弹性指数和追赶脱钩指数,对 2005—2017 年浙江省 11 市碳排放脱钩效应和追赶脱钩程度进行了测度,并用中介效应模型分析了数字化发展对碳排放脱钩效应的驱动机制,得出如下结论:

第一,2005 年浙江省各地级市处于扩张相对负脱钩或扩张连结阶段,经济发展较为粗放,而 2017 年各地市或处于扩张强绝对脱钩或处于扩张弱绝对脱钩阶段,经济增长和碳排放已实现绝对脱钩,经济进入低碳型发展模式。

第二,2005—2017 年浙江省 11 市碳排放强度均呈持续下降趋势,整体降幅达 51.3%;碳排放总量和人均碳排放量在 2012 年到达顶峰后呈螺旋下降趋势。将杭州作为标杆城市,湖州、衢州的追赶历程表现最佳,其余城市追赶脱钩动力相对不足,进步空间较大。

第三,数字化发展通过推动产业升级和科技创新来促进经济增长与碳排放脱钩。随着脱钩程度的加深,数字化对经济增长与碳排放脱钩的影响越来越大。

第一节 引言

党的十八大以来,我国经济已由高速增长阶段转向高质量发展阶段,然而生态环境污染加剧、资源开发利用粗放等问题仍然严重制约着我国全面现代化进程。2022年9月22日,国家主席习近平在第七十五届联合国大会一般性辩论上宣布我国二氧化碳排放力争于2030年前达到峰值,努力争取2060年前实现碳中和。[①] 2021年12月,中央经济工作会议进一步强调实现碳达峰碳中和是推动高质量发展的内在要求。推进"双碳"工作是破除资源环境约束突出问题,实现可持续发展的需要。浙江省是"绿水青山就是金山银山"发展理念的发源地,也被赋予高质量建设共同富裕示范区的历史使命,"双碳"工作既是践行"绿水青山就是金山银山"发展理念的重要任务,又是实现共同富裕的题中之义。当前,浙江正加快实现"碳达峰",坚决贯彻党中央决策部署,以"双碳"工作为总牵引,全面加强生态环境保护,加快推动形成绿色低碳的生产生活方式,在加速"碳中和"的发展进程中实现产业的跨越式升级,在绿色低碳转型中实现经济的高质量发展。随着大数据、人工智能、云计算、区块链、物联网等信息技术的快速发展,数字技术从新理念、新业态、新模式等方面影响着人民群众的生产生活,广泛应用于低碳领域中。碳排放量与经济增长稳定的绝对脱钩是"双碳"目标实现的基础和前提,测度经济增长和碳排放的相关关系,评估脱钩状态,解析数字化发展对碳排放脱钩效应的驱动机制更是对浙江实现高质量低碳发展具有重要意义。本章聚焦碳达峰碳中和战略目标,构建碳排放脱钩和追赶脱钩指数,实证测度浙江省各地市脱钩情况,研究比较各地市追赶脱钩程度,解析数字化发展对碳排放的作用机制,为浙江省实现"双碳"目标提供有益参考。

随着全球气候日益变暖,碳减排问题越来越受重视[②],如何平衡经济发展和碳排放增长更是成为国内外学界高度重视的研究课题。[③] 经济合作与发展组织(OECD)于2002年将物理学中的脱钩模型引入农业发展

---

① 习近平.在第七十五届联合国大会一般性辩论上的讲话[N].人民日报,2020-09-23.

② Guo Y, Chen B, Li Y et al. The co-benefits of clean air and low-carbon policies on heavy metal emission reductions from coal-fired power plants in China[J]. Resources, Conservation and Recycling, 2022,181:106258.

③ 方恺,何坚坚,张佳琪.博台线作为中国区域发展均衡线的佐证分析——以城市温室气体排放为例[J].地理学报,2021(12):3090-3102.

的相关研究,并将其定义为"物质能耗在工业发展初期随经济增长而增长,在某个阶段后会出现反方向变化,实现经济增长且物质能耗下降"[①]。随后脱钩模型逐渐融入环境经济研究领域,成为研究经济增长与环境耦合关系的分析工具,更是在研究尺度和研究对象上得到了广泛的实践和创新。已有研究证实,Tapio 弹性指数法解决了 OECD 脱钩模型存在的基期选择过于敏感的问题,改进了脱钩类型划分方案。[②] Tapio 弹性指数法改进了脱钩模型,使其成为分析经济增长与环境压力相互关系最常用的工具。[③] 伴随着中国经济的高速增长,碳排放逐渐成为影响人们生存的一大威胁,为实现经济增长与碳排放的协调发展,学者针对两者的脱钩关系开展了广泛的研究。在经济增长与碳排放脱钩关系的研究中,脱钩模型的应用逐渐走向成熟。例如,王杰等[④]、孙耀华等[⑤]、张华明等[⑥]分别从国别、省域和市域视角对经济增长与碳排放脱钩关系进行了研究。随着研究的深入,研究对象也从单个主体拓展到区域间多个主体。张成等在分析了中国 29 个省份的经济增长和碳排放脱钩关系的基础上,构建追赶脱钩模型横向分析了多个研究对象间脱钩状态差距的变动趋势。[⑦] 脱钩模型从考察单主体静态脱钩状态走向多主体动态追赶,在经济增长与碳排放相互关系研究中的应用已较为成熟,但基于时空视角的研究还有待完善。

　　近年来,以新一代信息技术为核心的数字化发展正从多个维度对社

---

　　① Organization for Economic Co-operation and Development(OECD). Indicators to measure decoupling of environmental pressure from economic growth[R]. Paris:OECD,2002.

　　② Tapio P. Towards a theory of decoupling:Degrees of decoupling in the EU and the case of road traffic in Finland between 1970 and 2001[J]. Transport Policy,2005(2):137-151.

　　③ 罗芳,郭艺,魏文栋.长江经济带碳排放与经济增长的脱钩关系——基于生产侧和消费侧视角[J].中国环境科学,2020(3):1364-1373.

　　④ 王杰,李治国,谷继建.金砖国家碳排放与经济增长脱钩弹性及驱动因素——基于 Tapio 脱钩和 LMDI 模型的分析[J].世界地理研究,2021(3):501-508.

　　⑤ 孙耀华,李忠民.中国各省区经济发展与碳排放脱钩关系研究[J].中国人口·资源与环境,2011(5):87-92.

　　⑥ 张华明,元鹏飞,朱治双.黄河流域碳排放脱钩效应及减排路径[J].资源科学,2022(1):59-69.

　　⑦ 张成,蔡万焕,于同申.区域经济增长与碳生产率——基于收敛及脱钩指数的分析[J].中国工业经济,2013(5):18-30.

会与经济进行升级与重塑。目前数字化发展领域的研究主要集中于数字化发展对经济和社会发展的作用。例如,数字化发展可以在经济增长[①]、产业升级[②]、创新[③]和高质量发展[④]等方面发挥积极作用。数字化发展带来的经济效应,学者已做了大量且充分的论证,然而对数字化发展带来的环境效应研究却仍处于探索阶段。邓荣荣等基于中国 285 个城市2011—2018 年的面板数据,证实了数字经济发展对降低工业二氧化硫排放效果明显,对降低工业废水、工业烟尘排放和 PM2.5 浓度亦有效果。[⑤]郭炳南等也证实了数字经济发展对城市空气质量的改善作用显著,且减排效应呈厚积薄发的特征,并发现数字经济发展对改善城市空气质量的作用具有空间溢出效应。[⑥] 碳排放是引发环境问题的重要因素之一,部分学者针对数字化对碳排放的影响做了一定的探索。例如,谢云飞采用2011—2018 年省际面板数据,证实数字经济显著降低了区域碳排放强度,而且这种影响效应在碳排放强度高的区域更为明显。[⑦] 缪陆军等发现数字经济发展对碳排放的影响呈倒 U 形非线性关系。[⑧] 数字化对碳排放影响的相关研究较少,数字化发展对经济增长与碳排放脱钩影响的系统考察就更少了,如何有效利用数字化发展促进经济增长与碳排放脱钩,成为当前亟须解决的问题。

目前关于经济增长与碳排放脱钩理论内涵、测度方法的研究成果非

---

① 郭朝先,王嘉琪,刘浩荣."新基建"赋能中国经济高质量发展的路径研究[J].北京工业大学学报(社会科学版),2020(6):13-21.

② 方湖柳,潘娴,马九杰.数字技术对长三角产业结构升级的影响研究[J].浙江社会科学,2022(4):25-35,156-157.

③ 金环,于立宏.数字经济、城市创新与区域收敛[J].南方经济,2021(12):21-36.

④ 丁松,李若瑾.数字经济、资源配置效率与城市高质量发展[J].浙江社会科学,2022(8):11-21+156.

⑤ 邓荣荣,张翱祥.中国城市数字经济发展对环境污染的影响及机理研究[J].南方经济,2022(2):18-37.

⑥ 郭炳南,王宇,张浩.数字经济发展改善了城市空气质量吗——基于国家级大数据综合试验区的准自然实验[J].广东财经大学学报,2022,37(1):58-74.

⑦ 谢云飞.数字经济对区域碳排放强度的影响效应及作用机制[J].当代经济管理,2022(2):68-78.

⑧ 缪陆军,陈静,范天正,等.数字经济发展对碳排放的影响——基于 278 个地级市的面板数据分析[J].南方金融,2022(2):45-57.

常丰硕,但在研究对象间的横向比较、时间上的纵深分析及碳排放脱钩的路径选择等方面仍有很大的挖掘空间。数字化赋能碳减排尽管在实践中得到了广泛认可,但目前关于数字化和碳减排相关关系的文献相对较少,涉及数字化发展对经济增长与碳排放脱钩的作用机制、作用效果等的研究成果较为匮乏。为此,本章从以下三个方面展开了研究:①以浙江省11 地市为研究样本评估碳排放的脱钩效应,检验了数字化发展对经济增长与碳排放脱钩的驱动机制,为其他省份落实碳达峰碳中和政策提供参考;②合成碳排放脱钩指数和追赶脱钩指数,从时间和空间维度比较碳排放脱钩效应和碳减排潜力;③从产业结构和科技创新两个维度揭示了数字化发展对碳排放脱钩效应的作用机制。

厘清脱钩效应的驱动因素,分析数字化发展对经济增长与碳排放脱钩的驱动机制,对制定碳减排政策具有指导和借鉴意义。涂正革认为产业结构调整与节能技术创新是经济低碳发展的重要实现路径。① 王文举等同样证实了产业结构升级对碳减排贡献巨大,为实现碳强度目标提供60%左右的贡献度。② 数字化赋能碳减排在实践中也受到了广泛认可,本章形成了以下两方面数字化赋能碳减排的作用机制:

第一,产业结构升级是指产业结构由低级向高级提升,表现为产业结构由低附加值向高附加值升级转移。数字化可以帮助企业等微观主体更有效地利用能源,如智能电网和智能建筑等减少了电力的消耗,还降低了碳排放;通过物联网和大数据等技术,企业可以更好地跟踪和管理资源使用,从而提高效率,减少废弃物,并降低碳排放。原嫄等以 2005—2017 年中国省域数据为样本得出了产业结构合理化水平提升对碳排放存在抑制作用的结论。③ 王向进等研究中国制造业服务化和高端化发展趋势,发

---

① 涂正革.中国的碳减排路径与战略选择——基于八大行业部门碳排放量的指数分解分析[J].中国社会科学,2012(3):78-94,206-207.

② 王文举,向其凤.中国产业结构调整及其节能减排潜力评估[J].中国工业经济,2014(1):44-56.

③ 原嫄,周洁.中国省域尺度下产业结构多维度特征及演化对碳排放的影响[J].自然资源学报,2021(12):3186-3202.

现制造业服务化能够促进产业结构升级并显著降低行业碳排放水平。[①]在数字技术快速发展的背景下,传统产业充分融合数字技术进行数字化改造,推动传统产业数字化、自动化和智能化转型升级。在具体路径上,数字技术主要通过改善资源错配和激发企业创新两条路径推进产业结构升级。众多学者采用多种方法证明产业升级能够有效实现碳减排。总体上,数字化通过促进资源配置与激发企业创新,淘汰落后产能、扶持新兴产业,促进产业结构向高级化跃升,更高级的产业结构具有更高的生产率,最终达到节能减排的效用。基于此,本章提出以下假设:

假设 3-1:数字化发展可以通过改善产业结构,促进经济增长与碳排放脱钩。

第二,数字化通过科技创新影响碳排放的路径主要有两条:一是数字化赋能传统产业。数字技术能够与传统重点碳排放产业深度融合,在能源配置以及成本、风险和决策控制等方面进行创新,整体推进传统产业节能降本增效提质,助力实现碳减排。陈晓红等认为以大数据、数字孪生、人工智能、区块链等为代表的数字技术不仅能够在技术上助力能源行业优化能源配置、节能减排、高效决策,而且能够实现高效精准的碳排放预测与规划,助力碳达峰碳中和目标实现。[②]二是数字化催生新产业、新业态。吴翌琳等认为数字经济已经成为引领科技革命和产业变革的核心力量,应当将数字经济活动作为有别于传统产业的新产业类别。[③]有别于产业数字化,数据经济活动作为一个独立的主体,通过创新主体间的协作与知识共享,增强了主体间的联系并产生了赋能作用。[④]数字产业能有效促进资源在行业、区域间流动,促进过剩资源、欠缺资源间的交换,提高资源的利用效率,以此降低碳排放。此外,并非所有科技创新对碳减排的影响都是正向的,以数字货币为代表的数字技术创新在一定程度上会造

---

① 王向进,杨来科,钱志权.制造业服务化、高端化升级与碳减排[J].国际经贸探索,2018,34(7):35-48.

② 陈晓红,胡东滨,曹文治,等.数字技术助推我国能源行业碳中和目标实现的路径探析[J].中国科学院院刊,2021(9):1019-1029.

③ 吴翌琳,王天琪.数字经济的统计界定和产业分类研究[J].统计研究,2021(6):18-29.

④ Kohli R, Melville N P. Digital innovation:a review and synthesis[J]. Information Systems Journal,2019(1):200-223.

成大量能源耗费,增加额外的碳排放。但总体上,数字化发展催生的科技创新是利大于弊的。基于此,本章提出以下假设:

假设 3-2:数字化发展可以通过促进科技创新,进而促进经济增长与碳排放脱钩。

第二节 研究方法

一、脱钩模型

OECD 脱钩模型和 Tapio 脱钩模型被广泛应用在经济增长与碳排放两者关系的研究中。Tapio 弹性指数不受所选基期的影响,所得结果更为精准稳定。为此,本章采用 Tapio 脱钩弹性指数对浙江省地级市脱钩情况进行了测算,公式为

$$e_{i,t}^{s} = \frac{\%\Delta C}{\%\Delta Y} = \frac{\Delta C/C_{i,t-1}}{\Delta Y/Y_{i,t-1}} = \frac{(C_{i,t}-C_{i,t-1})/C_{i,t-1}}{(Y_{i,t}-Y_{i,t-1})/Y_{i,t-1}} \tag{3-1}$$

式中,$e_{i,t}^{s}$表示第 i 个城市第 t 年经济增长与碳排放之间的脱钩弹性指数;$C_{i,t}$、$Y_{i,t}$ 分别表示第 i 个城市第 t 年的碳排放量、GDP 总量;ΔC、$\%\Delta C$ 分别表示第 i 个城市第 t 年碳排放量相对于第 $t-1$ 年的变化量、变化率;ΔY、$\%\Delta Y$ 分别表示第 i 个城市第 t 年 GDP 总量相对于第 $t-1$ 年的变化量、变化率。Tapio 依据 $\%\Delta C$、$\%\Delta Y$ 的变动方向以及脱钩弹性指数大小,将脱钩情况划分为扩张负脱钩、强负脱钩、弱负脱钩、弱脱钩、强脱钩、衰退脱钩、扩张连结、衰退连结八类。为充分考虑相对脱钩和绝对脱钩问题,本章参考张成等[①]的划分方法,将强脱钩进一步拓展为弱绝对脱钩和强绝对脱钩,强负脱钩进一步拓展为弱绝对负脱钩和强绝对负脱钩,弱脱钩

---

① 张成,蔡万焕,于同申.区域经济增长与碳生产率——基于收敛及脱钩指数的分析[J].中国工业经济,2013(5):18-30.

替换为相对脱钩。依据%ΔP将脱钩状态从八类拓展至十类,详见表 3-1。

表 3-1　脱钩弹性指数划分

脱钩状态		%ΔC	%ΔY	e_{it}^s
负脱钩	扩张相对负脱钩	+	+	$(1.2, +\infty)$
	衰退强绝对负脱钩	+	−	$(-\infty, -0.5)$
	衰退弱绝对负脱钩	+	−	$[-0.5, 0)$
	衰退相对负脱钩	−	−	$[0, 0.8)$
脱钩	扩张相对脱钩	+	+	$[0, 0.8)$
	扩张弱绝对脱钩	−	+	$[-0.5, 0)$
	扩张强绝对脱钩	−	+	$(-\infty, -0.5)$
	衰退相对脱钩	−	−	$(1.2, +\infty)$
连结	扩张连结	+	+	$[0.8, 1.2]$
	衰退连结	−	−	$[0.8, 1.2]$

其中绝对脱钩是指%ΔC、%ΔY变动方向相反,即经济增长的同时碳排放强度下降,或者经济衰退的同时碳排放强度上升,显示出扩张和衰退两种截然不同的经济状况。$e_{i,t}^s < 0$,证实%ΔC、%ΔY反方向变动;$e_{i,t}^s < -0.5$ 与 $-0.5 \leqslant e_{i,t}^s < 0$ 的区别在于两者在获得同样的 GDP 增长率时,前者实现更高的碳排放降幅,因此前者的脱钩更强,后者较弱。相对脱钩是指%ΔC、%ΔY变动方向相同,即经济增长的同时碳排放强度上升,或者经济衰退的同时碳排放强度下降,同样可以显示出扩张和衰退两种截然不同的经济状况。$e_{i,t}^s \geqslant 0$,证实%ΔC、%ΔY同方向变动;$e_{i,t}^s > 1.2$ 同 $0 \leqslant e_{i,t}^s < 0.8$ 的区别在于前者碳排放增长率超过经济增长率,后者碳排放增长率略小于经济增长率。连结相对脱钩相似是指%ΔC、%ΔY同方向变动,区别在于脱钩指数的差异。$0.8 \leqslant e_{i,t}^s < 1.2$,意味着碳排放率增长率同经济增长率相当。

二、追赶脱钩模型

Tapio 脱钩弹性指数反映个体自身的低碳发展状况,无法用于个体间的横向比较。为弥补 Tapio 脱钩弹性指数的潜在缺陷,张成等[①]在进行经济增长和碳排放间脱钩关系的研究时,选取一个标杆省份,将其他省份与标杆省份进行比较,通过构造追赶脱钩模型,对每个研究对象发展状况进行了横向比较。本章亦采取该种方法来构造追赶脱钩模型,公式为

$$e_{i,t}^r = \frac{\%\Delta\mathrm{CI}}{\%\Delta\mathrm{PY}} = \frac{-\Delta\mathrm{CI}_{i,t}/(\mathrm{CI}_{t-1}^* - \mathrm{CI}_{i,t-1})}{-\Delta\mathrm{PY}_{i,t}/(\mathrm{PY}_{t-1}^* - \mathrm{PY}_{i,t-1})}$$

$$= \frac{-[(\mathrm{CI}_t^* - \mathrm{CI}_{i,t}) - (\mathrm{CI}_{t-1}^* - \mathrm{CI}_{i,t-1})]/(\mathrm{CI}_{t-1}^* - \mathrm{CI}_{i,t-1})}{-[(\mathrm{PY}_t^* - \mathrm{PY}_{i,t}) - (\mathrm{PY}_{t-1}^* - \mathrm{PY}_{i,t-1})]/(\mathrm{PY}_{t-1}^* - \mathrm{PY}_{i,t-1})} \quad (3\text{-}2)$$

式中,$e_{i,t}^r$ 表示第 i 个城市第 t 年的追赶脱钩弹性指数;$\mathrm{CI}_{i,t}$、$\mathrm{PY}_{i,t}$ 分别表示第 i 个城市第 t 年的碳强度、人均 GDP,CI_t^*、PY_t^* 分别表示标杆城市第 t 年的碳强度、人均 GDP;$\Delta\mathrm{CI}_{i,t}$、$\%\Delta\mathrm{CI}_{i,t}$ 表示第 i 个城市第 t 年与标杆城市的碳排放强度差距变动量、变化率,$\Delta\mathrm{PY}_{i,t}$、$\%\Delta\mathrm{PY}_{i,t}$ 分别表示第 i 个城市第 t 年与标杆城市的人均 GDP 差距变动量、变化率。

在标杆城市的选择上,可以将同一经济发展阶段内绿色发展水平处于领先地位的城市作为标杆城市,其他城市可作为普通城市。[②] 在追赶脱钩的状态分类上,采取与脱钩同样的分类标准,依据 $\%\Delta\mathrm{CI}$、$\%\Delta\mathrm{PY}$ 的变动方向以及追赶脱钩弹性指数大小,划分为十类追赶脱钩状态。当 $\%\Delta\mathrm{CI}>0$ 时,表示普通城市与标杆城市的碳排放强度差距在逐渐缩小,该城市在追赶过程中没有以大量消耗化石能源为代价;反之,差距在逐渐拉大,该城市在追赶过程中大量消耗化石能源。当 $\%\Delta\mathrm{PY}>0$ 时,表示普通城市与标杆城市的人均 GDP 在逐渐缩小,经济发展差距在减小;反之,差距在逐渐拉大,经济发展差距也在加大。其中,扩张强绝对脱钩是最为理想的追赶模式,表明追赶城市和标杆城市的人均 GDP、碳排放强度差距同时缩小且后者缩小比例更大,经济增长和碳排放实现绝对脱钩;衰退强绝对负脱钩是最不理想的追赶模式,表明追赶城市和标杆城市的人均 GDP、碳排放强度同时扩大且后者扩大比例更大,经济增长和碳排放未实现脱钩。

①　张成,蔡万焕,于同申.区域经济增长与碳生产率——基于收敛及脱钩指数的分析[J].中国工业经济,2013(5):18-30.
②　陆琳忆,胡森林,何金廖,等.长三角城市群绿色发展与经济增长的关系——基于脱钩指数的分析[J].经济地理,2020(7):40-48.

三、模型构建

为研究数字化发展对碳排放脱钩效应的影响,根据假设 3-1 和假设 3-2 构建中介效应模型,将科技创新、产业升级作为中介变量加入模型进行中介效应检验。第一步,检验数字化发展对碳排放脱钩效应的影响,构造基准模型,公式为

$$DC_{i,t} = \alpha_0 + \alpha_1 DE_{i,t} + \alpha_c Z_{i,t} + \lambda_t + \mu_i + \varepsilon_{i,t} \qquad (3-3)$$

第二步检验数字化发展对中介变量的影响,第三步检验数字化发展和中介变量对碳排放脱钩效应的影响,构造第二、三步模型,公式为

$$m_{i,t} = \beta_0 + \beta_1 DE_{i,t} + \beta_c Z_{i,t} + \lambda_t + \mu_i + \varepsilon_{i,t} \qquad (3-4)$$

$$DC_{i,t} = \gamma_0 + \gamma_1 DE_{i,t} + \gamma_2 m_{i,t} + \gamma_c Z_{i,t} + \lambda_t + \mu_i + \varepsilon_{i,t} \qquad (3-5)$$

式中,$DC_{i,t}$、$DE_{i,t}$ 分别表示第 i 个城市第 t 年的经济增长与碳排放脱钩、数字化发展情况;$m_{i,t}$ 表示中介变量;$Z_{i,t}$ 表示控制变量组;λ_t、μ_i 分别表示时间效应和个体效应;$\varepsilon_{i,t}$ 为误差项。如果 α_1 显著为负,β_1、γ_1、γ_2 也显著符合预期,则证明中介效应存在。

四、样本选取

2021 年 10 月,国务院发布《2030 年前碳达峰行动方案》,要求东部沿海地区省份发挥高质量发展动力源和增长极作用,率先推动经济社会发展全面绿色转型。浙江省作为我国东部沿海地区的经济强省之一,率先实现碳达峰碳中和意义重大。2022 年 1 月,国际环保组织绿色和平国内低碳发展政策研究项目组发布简报《中国 30 省(市)碳排放情况追踪,"第一梯队"谁来领跑?》,简报显示,除北京、上海两个直辖市外,浙江省的碳排放总量连续多年保持平稳,低碳转型成效走在前列。国家互联网信息办公室发布的《数字中国发展报告(2021 年)》显示,浙江省的数字化综合发展水平居全国首位。2021 年 12 月,浙江省发布《中共浙江省委、浙江省人民政府关于完整准确全面贯彻新发展理念做好碳达峰碳中和工作的

实施意见》,明确了要以数字化手段实现控碳。因此,在数字化发展同经济增长与碳排放脱钩相关关系的研究中,选取浙江省作为研究样本,既符合国家、浙江省的实际需求,又符合相关理论研究的先进性需求。

五、指标选取

(一)被解释变量

本章被解释变量为碳排放脱钩指数。经济增长与碳排放脱钩用于形容经济增长与碳排放变化的相关关系,当实现经济增长的同时,碳排放增速小于经济增速或碳排放增速为负时,经济增长与碳排放可视为脱钩。现有研究对经济增长与碳排放脱钩状况的测度方法主要有两种:OECD脱钩指数法和 Tapio 弹性指数法,鉴于 OECD 脱钩指数法在基期选择上存在敏感性问题,为保证脱钩指数的精确性和稳定性,本章借鉴 Tapio 弹性指数法,通过测算地区碳排放量变动率与 GDP 变动率的比值对经济增长与碳排放脱钩状况进行量化。

(二)核心解释变量

本章的核心解释变量为数字化发展。数字化主要是利用数字化技术,对个体业务实现降本增效和对组织的整个体系实现赋能和重塑。近年来,不仅数字产业蓬勃发展,传统产业也大量进行着数字化转型,其目的均在于采用数字技术升级改造生产过程以提升生产效率。目前,数字化相关研究处于起步阶段,其中数字化发展的概念和量化尚未形成统一的标准,结合数字化发展高度依赖数字技术的特性以及发展的综合性特征,使用多个指标综合量化数字化发展状况已成为共识。因此,鉴于当前从市域视角研究数字化的研究较少、相关数据可得性较差的情况,本章借鉴方湖柳等的主成分分析法[1]对数字化发展状况进行量化:使用互联网普及率、移动电话普及率和人均电信业务总量衡量通信技术发展情况;使

---

[1]　方湖柳,潘娴,马九杰.数字技术对长三角产业结构升级的影响研究[J].浙江社会科学,2022(4):25-35,156-157.

用信息传输、计算机服务和软件业从业人数(万人)占城镇单位从业人员比重来衡量信息技术与相关服务发展情况;使用熵权法获得数字化发展的综合指数;使用人均互联网用户数(户)、人均移动电话年末用户数(户)和人均电信业务总量(元)、信息传输、计算机服务和软件业从业人数(万人)占城镇单位从业人员比重等指标合成数字化发展指数的替换变量。

(三)内生性与工具变量

数字化发展指数与中介变量(技术创新)可能具有内在一致性,因此模型可能存在内生性问题。本章借鉴黄群慧等[1]的方法,将1984年浙江省各地市每百万人固定电话数量作为工作变量。鉴于所选取的数据为截面数据,不能进行面板分析,本章参考Nunn等[2]的做法用上一年全国互联网用户数与1984年每百万人固定电话数量形成的交互项作为工具变量。

(四)中介变量

选取科技创新(TECH)和产业升级(IU)两个中介变量进行中介效应检验。

科技创新是一个衡量原创性科学研究和技术创新的重要概念,客观、准确地测度科技创新能力需要建立多变的综合评价体系,此评价体系需包含科技创新投入能力、科技创新产出能力、科技创新环境支撑能力和科技创新促进可持续发展能力等方面的多个评价指标,目前还未形成相对完善的能综合评价科技创新能力的指标体系。基于此,应璇等研究发现,专利数量可以综合反映科技创新能力。[3] 王爽等通过建立泊松对数线性模型也证实了专利数量可以综合展示企业的创新投入能力、研究开发能力、创新生产能力和管理创新能力。[4] 相较于复杂的评价体系,专利数量不仅可以综合显示科技创新能力,而且具有数据准确的天然优势。因此,

① 黄群慧,余泳泽,张松林.互联网发展与制造业生产率提升:内在机制与中国经验[J].中国工业经济,2019(8):5-23.

② Nunn N, Qian N. US food aid and civil conflict[J]. American Economic Review,2014(6):1630-66.

③ 应璇,孙济庆.基于专利数据分析的高校技术创新能力研究[J].现代情报,2011(9):165-168.

④ 王爽,马景义.基于泊松对数线性模型企业创新产出能力研究[J].统计与决策,2014(19):59-62.

本章使用地区当年授权的专利数量来表示科技创新能力。

产业升级,实质就是产业结构由低附加值向高附加值升级转移的表现。目前,测度产业升级的方法主要有三种:一是测度第二、第三产业产值占 GDP 的比重;[1]二是测度第三产业产值与第二产业产值之间的比值;[2]三是对三次产业产值进行加权计算。[3] 结合产业升级的实质与当前经济发展的状况,产业升级最显著的特点就是低附加值的第一产业产值占比萎缩与较高附加值的第二、第三产业产值占比扩张。因此,借鉴李虹等的方法,本章使用第二、第三产业产值占 GDP 比重来表示产业升级。[4]

（五）控制变量

为了更加准确地分析数字化发展对碳排放脱钩效应的影响,本章还设定了两个控制变量:外商直接投资（FDI）,用实际外商直接投资金额占地区生产总值比重表示;城镇化水平（UR）,用城镇年末总人口占地区总人口比重表示。表 3-2 是各变量描述性统计结果。

表 3-2　各变量描述性统计

变量名称	符号	观测值	均值	标准差	最小值	最大值
碳排放脱钩指数	DC	143	0.353	0.596	−0.909	1.704
数字技术 1	lnDE1	143	−2.200	1.083	−0.601	−0.033
数字技术 2	lnDE2	143	−1.467	0.524	−2.784	−0.281
科技创新	lnTE	143	8.594	1.483	4.174	10.974
产业升级	lnIU	143	3.761	0.131	3.504	4.142
外商直接投资	lnFDI	143	−1.459	0.967	−3.511	0.047
城镇化	lnUR	143	4.011	0.279	2.816	4.341

---

① Organization for Economic Co-operation and Development（OECD）, Indicators to measure decoupling of environmental pressure from economic growth[R]. Paris:OECD,2002.

② Tapio P. Towards a theory of decoupling: Degrees of decoupling in the EU and the case of road traffic in Finland between 1970 and 2001[J]. Transport Policy,2005(2):137-151.

③ 罗芳,郭艺,魏文栋.长江经济带碳排放与经济增长的脱钩关系——基于生产侧和消费侧视角[J].中国环境科学,2020(3):1364-1373.

④ 李虹,邹庆.环境规制、资源禀赋与城市产业转型研究——基于资源型城市与非资源型城市的对比分析[J].经济研究,2018(11):182-198.

第三节 结果分析

一、浙江省碳排放现状

从整体上看,浙江省碳排放总量和人均碳排放量在2005—2012年持续上升,在2012年达到顶峰后,开始小幅回落;碳排放强度在2005—2017年持续降低(见图3-1)。具体而言,碳排放总量由2005年的2.46亿吨上升至2012年的3.96亿吨,增幅为61.0%,继而缓慢螺旋下降至2017年的3.70亿吨,降幅为6.6%;人均碳排放量呈现相同的变化趋势,由2005年的5.35吨上升至2012年的8.26吨,增幅为54.3%,继而缓慢螺旋下降至2017年的7.46吨,降幅为9.7%;碳强度呈现持续下降状态,由2005年的1.93吨/万元下降至2017年的0.94吨/万元,降幅为51.3%。

从主要强度指标对比来看,浙江能耗强度高于美国、欧盟、日本等发达经济体,也高于广东、江苏等先进省份,与韩国基本持平;碳排放强度远高于美国、欧盟、日本、韩国等发达经济体,远高于广东,与江苏基本持平。能耗强度、碳排放强度总体偏高,说明还有较大的下降空间。而从人均强度来看,2020年浙江省人均能耗和人均碳排放均高于广东、低于江苏,也远低于美国、韩国和日本等发达经济体,与发达经济体相比处于较低水平。

从排放结构来看,在消费端,2020年浙江省工业领域的碳排放占比为66.9%,建筑、居民生活、交通、能源(厂用电、电力热力损耗等)、农业等领域占比分别为10.6%、9.7%、8.2%、3.2%、1.3%。因此,工业结构调整是关键。在供应端,2020年浙江省能源领域的碳排放占比为63.1%,其次为工业领域,占24.3%;交通、居民生活、建筑、农业领域分别为7.3%、2.4%、1.9%、1.0%。

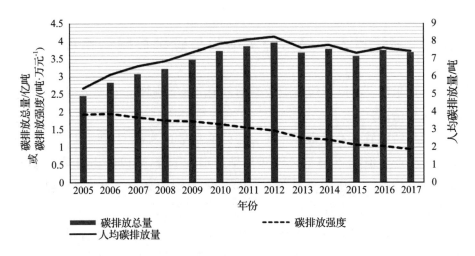

图 3-1　2005—2017 年浙江省碳排放总量、人均碳排放量、碳排放强度变化趋势

从工业结构来看,浙江省石油加工、建材、造纸、化工、化纤、钢铁、纺织等行业的碳排放占比约 70%,但仅创造约 30% 的工业增加值,单位工业增加值碳排放远高于工业平均水平,是需要重点转型提升的"高碳低效行业"。仪器仪表制造、计算机通信等设备制造、汽车制造等行业的碳排放占比仅 11%,却创造了 37% 的工业增加值,单位工业增加值碳排放较低,是要重点发展的"低碳高效行业"。与其他先进省份对比,浙江省 2019 年七大低碳高效行业增加值占比 37%,较广东的 51% 低 14 个百分点,特别是计算机、通信和其他电子设备制造业,与广东差距明显,低 20 个百分点。浙江省各地市碳排放现状同全省总体状况相似,碳排放总量、人均碳排放量都经历了由 2005 年至 2012 年的持续增加。其中舟山市碳排放总量、人均碳排放量分别以 87.7%、86.8% 的增幅位居全省首位;最小增幅为温州市,其碳排放总量、人均碳排放量的增幅分别为 50.4%、41.0%。各地市碳排放总量在 2012 年达到顶峰后,开始缓慢螺旋下降。其中舟山市碳排放总量以 13.7% 的降幅位居全省首位,金华市以 2.4% 的增幅位居全省末位(除金华外其余各市碳排放量均在 2012 年到达顶峰)。杭州市人均碳排放总量以 15.3% 的降幅位居全省首位,金华市以 0.01% 的降幅位居全省末位。各地市碳排放强度自 2005 年至 2017 年呈现持续下降状态,其中衢州市降幅最大,达 58.3%;台州市降幅最小,为 45.9%。

二、浙江省各地级市经济增长与碳排放脱钩情况

下面采用 Tapio 脱钩模型考察浙江省 11 个地级市的经济增长与碳排放脱钩情况。

根据浙江省各地级市 Tapio 脱钩弹性指数的实际测算结果,由于各地级市生产总值在 2005—2017 年均呈持续性上升,可以适当缩减 Tapio 脱钩状态分类。采用张华明等对城市发展类型的划分方法[①],分类标准如表 3-3 所示。具体而言:

(1)当 $e_{i,t}^s < 0$ 时,为扩张弱绝对脱钩状态和扩张强绝对脱钩状态,表现为经济增长但碳排放下降。代表此类城市经济发展已经不依赖于化石能源消耗,属于低碳发展型城市。

(2)当 $0 \leqslant e_{i,t}^s < 0.8$ 时,为扩张相对脱钩状态,表现为经济增长伴随碳排放增长,但经济增长速度较碳排放增长速度快。代表此类城市经济发展仍依赖于化石能源,但程度较轻,可以通过提高能源利用率达到摆脱依赖的效果。该类城市被定义为集约扩张型城市。

(3)当 $0.8 \leqslant e_{i,t}^s < 1.2$ 时,为扩张连结状态,表现为经济增长随碳排放增长,但两者同比增长,未实现能源的集约利用,因此该类城市被定义为低效扩张型城市。

(4)当 $e_{i,t}^s \geqslant 1.2$ 时,为扩张相对负脱钩状态,表现为经济增长伴随碳排放增长,但碳排放增速较快。代表此类城市的经济发展模式较为粗放,化石能源利用效率极低,因此该类城市被定义为粗放扩张型城市。

表 3-3　城市发展类型

序号	脱钩值范围	表现形式	发展类型
1	$e_{i,t}^s < 0$	扩张弱绝对脱钩 扩张强绝对脱钩	低碳发展型
2	$0 \leqslant e_{i,t}^s < 0.8$	扩张相对脱钩	集约扩张型
3	$0.8 \leqslant e_{i,t}^s < 1.2$	扩张连结	低效扩张型
4	$e_{i,t}^s \geqslant 1.2$	扩张相对负脱钩	粗放扩张型

---

① 张华明,元鹏飞,朱治双.黄河流域碳排放脱钩效应及减排路径[J].资源科学,2022(1):59-69.

脱钩测算结果显示,2005年,浙江省各地市均未实现脱钩,经济增长对生态环境造成较大不利影响。具体来说,杭州、嘉兴两市处于扩张相对负脱钩阶段,经济发展较为粗放,经济增长耗费了大量能源,大量碳被排放到环境中;其余九市均处于扩张连结阶段,经济发展还未能实现能源的集约利用,虽然较前两市状况好,但经济增长仍需依靠大量碳排放。2006年,衢州市率先进入扩张相对脱钩阶段,初步实现经济增长和碳排放脱钩,成为浙江省第一个集约扩张型城市。2007年是浙江省极其重要的一年,全省各地市均成功实现扩张相对脱钩,全省集约扩张型经济发展模式初步建成。2007—2012年,各市总体保持扩张相对脱钩状态,实现低碳排放增速换取高经济增长;2009年出现集体回撤现象,嘉兴、金华、宁波、绍兴、台州和温州六市重回扩张连结阶段。2013年,浙江省生态保护工作又取得一大进展,各地市一同进入扩张强绝对脱钩阶段,经济增长与碳排放实现强脱钩,意味着在这一年各地市既实现了经济增长又实现了碳排放下降。但此态势未能持续,截至2017年,各市均出现不同程度的倒退情况,其中台州于2014年、金华于2016年倒退至扩张连结阶段,其余各市一直处于脱钩状态,总体保持情况较好,高经济增长与低碳排放增长甚至是零、负碳排放增长得以保持。脱钩测算结果中值得注意的是,在浙江省各地级市从粗放扩张型、低效扩张型、集约扩张型最终向低碳发展型转变的过程中,发展类型升级是在短时间内迅速实现的,伴随着经济增长与碳排放脱钩指数的大幅度变化,但实现升级后经济增长与碳排放脱钩指数均需要更长的时间进行回撤调整直至稳定,但回撤调整幅度有限。因此,浙江省各地市的经济增长与碳排放脱钩状况总体上呈现向好态势。低碳发展型城市全面建成,绿色发展成果显著。

三、浙江省各地市追赶脱钩分析

为对各地市追赶脱钩情况进行深入分析,本章采用追赶脱钩模型考察省内各地市追赶标杆城市的动态过程。

在追赶脱钩模型中,城市的经济增长状况可用人均GDP来表示,经济发展质量则可用碳排放强度来反映。将同一经济发展阶段内绿色发展水平(即人均 GDP 相对较高、碳排放强度相对较低)处于领先地位的城市定为标杆城市,其他城市作为普通城市,通过考察普通城市追赶标杆城市过程中的经济发展状况和经济发展质量,判断其发展模式是否健康可持续。在普通城市经济发展较好、与标杆城市的经济发展差距不断缩小的前提下,若碳排放强度差距也在缩小,那么该城市的发展模式是可持续的集约扩张或低碳发展;若碳排放强度差距在扩大,那么该城市仍处于低效的粗放式的发展。本章按照 2004 年人均 GDP 最高、碳排放强度最低的原则,选择杭州市作为浙江省的标杆城市。追赶脱钩模型测算结果详见表 3-4。

表 3-4 浙江省各地市追赶脱钩分类(以杭州为标杆城市)

类型	2005 年	2007 年	2013 年	2016 年	2017 年
扩张相对负脱钩	嘉兴、舟山	舟山		舟山	温州
衰退相对负脱钩		宁波	宁波		
扩张连结				金华	
扩张相对脱钩	金华、丽水				
衰退相对脱钩			嘉兴	嘉兴、绍兴	嘉兴、舟山、绍兴
扩张弱绝对脱钩	湖州、衢州、宁波	嘉兴、湖州、金华、台州		宁波	宁波
扩张强绝对脱钩	绍兴、温州、台州	绍兴、温州、丽水、衢州	湖州、舟山、金华、绍兴、温州、台州、丽水、衢州	湖州、温州、台州、丽水、衢州	湖州、金华、台州、丽水、衢州

浙江省各地市经济发展总体上稳定向上,与标杆城市差距不断拉近,衰退只出现在嘉兴、舟山、绍兴和宁波的部分年份里;各年份里实现相对脱钩或绝对脱钩的城市均达到 60% 及以上,追赶路径总体上是集约或低碳可持续的。从时间维度来看,2012 年前,除宁波外没有城市出现衰退情况,2013 年后嘉兴、绍兴、舟山相继出现衰退情况。据该四个城市 2012 年前的追赶脱钩情况,它们的追赶情况一直不太稳定,因此它们的经济衰退可能与趋严的生态治理相关。从各城市追赶脱钩结果看,湖州、衢州的

追赶表现最佳,在多数年份里处于扩张强绝对脱钩阶段,其余年份则均处于扩张弱绝对脱钩阶段,经济增长和碳排放强度已实现绝对脱钩,低碳可持续的追赶路径已确立。舟山的追赶表现最差,超过半数统计年份出现扩张相对负脱钩状态,碳排放强度较经济发展以更高的速度扩张,追赶模式极为粗放且不可持续,面对趋严的生态治理压力,舟山在2017年出现衰退。宁波、温州的追赶表现较差,宁波在五年里出现衰退相对负脱钩情况,经济发展上与杭州的差距在扩大,且碳排放强度未实现脱钩;温州在四年里出现扩张相对负脱钩情况,虽然与杭州的经济发展差距在缩小,但这种缩小是依靠大量的能源耗费与碳排放实现的,未实现低碳发展的目标。其余各地市虽然在多数年份实现了经济增长与碳排放强度脱钩,但结果显示并不稳定,可能与未一如既往贯彻低碳追赶路线有关。

四、中介效应模型检验结果

根据构建的中介效应模型,本章对数字化发展通过促进科技创新和产业升级推进经济增长与碳排放脱钩的作用效果进行了实证检验,结果详见表3-5。

表3-5 数字化发展作用于经济增长与碳排放脱钩的中介效应回归结果

变量	(1)	(2)	(3)	(4)	(5)
	DC	IU	DC	TECH	DC
DE1	−0.602***	0.096**	−4.524***	1.175***	−0.440***
	(−4.73)	(2.04)	(−5.20)	(2.52)	(−4.09)
IU			−1.554***		
			(−3.81)		
TE					−0.135***
					(−4.17)
Sobel 检验			−1.696*		−2.568**
时间效应	控制	控制	控制	控制	控制
城市效应	控制	控制	控制	控制	控制
R^2	0.392	0.311	0.424	0.349	0.398
N	143	143	143	143	143

注:***、**和 * 分别代表在1%、5%和10%的水平上显著;括号里的数值表示 t 值。

第一阶段基准模型回归结果如列(1)所示,数字化发展这一核心解释变量的系数为-0.602,且在1‰水平上显著,意味着数字化发展能够在经济增长与碳排放脱钩中发挥显著作用。列(2)和列(3)检验了产业升级在数字化发展推动经济增长与碳排放脱钩中的中介作用。列(2)产业升级系数显著为正,意味着数字化发展能够有效改善产业结构推进产业升级;列(3)将产业升级引入数字化发展同经济增长与碳排放脱钩的回归方程中,产业升级系数显著为负,碳排放脱钩系数显著为负且小于第一阶段基准回归结果,说明数字化发展可以通过改善产业结构推进碳排放脱钩。假设3-1得到验证。列(4)和列(5)检验了科技创新在数字化发展推动经济增长与碳排放脱钩中的中介作用。列(4)科技创新系数显著为正,意味着数字化发展能够有效促进科技创新;列(5)将科技创新引入数字化发展同经济增长与碳排放脱钩的回归方程中,科技创新系数显著为负,碳排放脱钩系数显著为负且小于第一阶段基准回归结果,说明数字化发展可以通过加强科技创新推进碳排放脱钩。假设3-2得到验证。

本章自变量取对数而因变量没有取对数,因而总效应不等于直接效应与中介效应之和。[①]为确保中介效应的显著性,我们做了进一步的Sobel检验。产业升级作为中介变量时,z值为-1.696;科技创新作为中介变量时,z值为-2.568。二者均至少在10%的水平上显著,中介变量显著性再次得到验证。

五、稳健性检验结果

考虑到核心解释变量的选取可能对研究结论产生影响,为确保结论的可靠性,本章将核心解释变量进行替换,并对模型进行了重新检验。具体来说,将核心解释变量替换为DE2,估计结果见表3-6。检验结果显示,各系数符号与显著性与前文基本一致,Sobel检验显著性也与前文基本一致。表3-7报告了用Ⅳ-2SLS模型进行内生性检验的结果。Kleibergen-

---

① 温忠麟.调节效应和中介效应分析[M].北京:教育科学出版社,2012.

Paap RK 的 LM 统计量和 Wald F 统计量结果显著且 DE1 显著为负。稳健性检验均证明研究结果稳健可靠。

表 3-8 报告了数字化发展对经济增长与碳排放的脱钩效应的异质性影响。在经济增长与碳排放强脱钩地区,数字化发展促进脱钩作用更强,而随着脱钩程度的减弱,数字化发展起到的作用逐渐减弱,但均显著为负。

表 3-6　替换解释变量的稳健性检验

变量	(1)	(2)	(3)	(4)	(5)
	DC	IU	DC	TECH	DC
DE2	−0.993*** (−8.41)	0.170*** (3.70)	−0.837*** (−7.46)	2.130*** (5.57)	−0.808*** (−5.78)
IU			−0.916*** (−2.69)		
TE					−0.086*** (−2.84)
Sobel 检验			−1.716*		−2.310**
时间效应	控制	控制	控制	控制	控制
城市效应	控制	控制	控制	控制	控制
R^2	0.374	0.513	0.382	0.510	0.379
N	143	143	143	143	143

注:***、**和*分别代表在 1%、5%和 10%的水平上显著;括号里的数值表示 t 值。

表 3-7　内生性的稳健性检验

变量	(1)	(2)	(3)
	DC	DC	DC
DE1	−0.778*** (−4.70)	−1.671*** (−3.22)	−1.125*** (−3.62)
IU	−6.752*** (−3.49)		
TE	−0.870*** (−4.69)		

续表

变量	(1)	(2)	(3)
	(1)DC	(2)DC	(3)DC
Kleibergen—Paap RK 的 LM 统计量	18.892***	11.374***	12.598***
Kleibergen—Paap RKWald 的 F 统计量	31.134***	14.140***	19.077***
控制变量	控制	控制	控制
时间效应	控制	控制	控制
城市效应	控制	控制	控制
F 值	21.67	20.88	21.52
R^2	0.282	0.573	0.563
N	104	104	104

注:***、**和*分别代表在 1%、5%和 10%的水平上显著;括号里的数值表 t 值。

表 3-8　异质性的稳健性检验

变量	0.1	0.3	0.5	0.7	0.9
DE1	−0.7123** (−2.50)	0−0.6220*** (−5.12)	−0.592*** (−6.67)	−0.562*** (−5.97)	−0.531*** (−3.99)
DE2	−1.387*** (−3.74)	−1.101*** (−5.73)	−0.959*** (−7.62)	−0.836*** (−6.54)	−0.734*** (−4.31)

注:***、**和*分别代表在 1%、5%和 10%的水平上显著;括号里的数值表示 t 值。

第四节　本章小结

　　本章基于浙江省 11 个地市 2004—2017 年的面板数据,借助脱钩模型对浙江省各地市经济增长与碳排放脱钩情况进行了考察,并借助中介效应模型实证检验了浙江省各地市数字化发展对碳排放脱钩效应的影响。

一、研究结论

2005—2017 年浙江省碳排放强度呈持续下降趋势,降幅达 51.3%;碳排放总量和人均碳排放量在 2005—2012 年保持缓慢上升趋势,增幅达 54.3%,并在 2012 年到达顶峰,此后五年碳排放总量和人均碳排放量均呈螺旋下降趋势,五年总体降幅达 9.7%。各地市情况与全省总体基本一致,碳排放强度持续下降,碳排放总量和人均碳排放量在 2012 年前持续上升,2012 年后进入缓慢螺旋下降通道。2005 年,浙江省各地市处于扩张相对负脱钩或扩张连结阶段,经济发展较为粗放,至 2017 年,各地市均处于扩张强绝对脱钩或扩张弱绝对脱钩阶段,经济增长和碳排放实现脱钩,经济进入低碳型发展模式。分时段考察发现,至 2007 年,各地市碳排放总量和人均碳排放量虽在持续上升,但均已初步进入扩张相对脱钩阶段,经济增长已向集约型、低碳型模式发展;碳排放总量和人均碳排放量在达到顶峰后一年,各地市均于 2013 年初步进入扩张强绝对脱钩状态,经济增长和碳排放实现脱钩;在接下来的几年中,各地市努力保持扩张强绝对脱钩状态,这与其碳排放总量和人均碳排放量螺旋下降趋势相契合,虽在一定时间里有不同程度的倒退,但总体趋势是积极向好的。将杭州市作为标杆城市,分析其他城市向标杆城市追赶的动态历程,可以发现面对趋严的生态治理,绿色低碳可持续的追赶模式会在后期经济发展中展现优势,粗放式追赶会对城市经济发展产生不利影响。具体而言,湖州、衢州的追赶表现最佳,与杭州的经济发展差距、碳排放强度差距都在缩小,是理想的追赶脱钩状态;舟山的追赶脱钩表现最差,大多年份里经济发展差距虽然在缩小,但碳排放强度差距却在扩大,追赶路线较为粗放。宁波、温州的追赶表现较差,在部分年份里经济增长和碳排放强度未实现脱钩。其余城市的追赶表现总体较好但较不稳定。借助中介效应模型实证检验数字化发展对碳排放脱钩效应影响的结果是积极的,数字化发展可以通过改善产业结构和促进科技创新两条途径,协同作用于经济增长与碳排放脱钩。面板分位数结果表明,在经济增长与碳排放强脱钩地区,数字化发展促进脱钩的作用更强,而随着脱钩程度的减弱,数字化发展起到的作用逐渐减弱。

二、政策建议

根据以上研究结论,为推动浙江省各地级市经济增长与碳排放脱钩,加快实现碳达峰碳中和,形成可在全国推广的示范经验,本章提出以下几点建议:

第一,大力支持外资引进,加强对外资企业的环保监督。外资企业是重要的资金提供者和技术拥有者,实现高质量低碳发展离不开外资企业的资金和技术。在大力支持外资企业进驻的同时,要把好进入关和监管关,积极引导外资企业在绿色低碳行业和绿色节能技术上进行投资,从严管控外资投资高耗能、高污染行业。

第二,推进产业升级,加强科技创新。在积极推进城市化的基础上合理控制城市化伴生的弊病,通过推进产业升级和加强科技创新提升城市运行效率,降低城市化发展带来的环境问题造成的负面影响,将城市化发展对经济增长与碳排放脱钩的阻碍作用控制在合理范围内。

第三,深耕数字化转型,培育数字产业。继续推进数字技术与电力、工业、建筑、交通等重点排放领域融合发展,加强技术创新,提升技术转化率。总体上,继续加强以大数据、数字孪生、人工智能、区块链等为代表的数字技术产业的技术创新;局部上,依托数字技术加大针对低碳能源、固碳技术等技术的创新,以需求为导向,进一步提升技术转化率。

第四章　外商直接投资对碳排放的"污染光环"效应研究

气候变化是一个重要的全球性问题,碳排放量过多则是气候变化的主要诱因之一,本章集中分析了经济因素对碳排放的影响。基于传统STIRPAT模型,依据"污染天堂假说"和"污染光环假说",采用动态面板数据模型探讨经济增长、人口、外商直接投资等经济要素对碳排放的影响。研究发现,中国城市碳排放不遵循传统EKC曲线理论的倒U形假设,而是呈倒N形。此外,碳转移使得外商直接投资在当期引起中国城市碳排放增长,然而技术溢出会显著降低城市碳排放。根据实证分析结果,本章提出了一些对其他面临类似碳减排挑战的发展中国家具有一定参考价值的建议。

第一节　引言

如何在有限能源和环境污染的双重约束下实现经济可持续发展是宏观经济学和能源经济学最感兴趣的研究课题。能源作为经济增长和社会发展的重要基础,在现代化经济体系中发挥着不可替代的作用。在全球能源结构中,可再生能源仍然是增长最快的能源。可再生能源被认为是未来可持续发展的重要因素,各国已逐渐认识到这种能源技术的重要性。欧盟制定了雄心勃勃的目标:到2020年将可再生能源在能源消耗中的比例提高到 20%。中国作为世界上最大的能源消费国也日益重视可持续发展并加大了可再生能源的开发利用。中国清洁能源数据显示,水电、核电、风电等清洁能源和可再生能源占总能源的比重由 1978 年的 3.1% 上升到 2012 年的 10.3%。此外,水电、核电、风电、太阳能等清洁能源发电量在 2018 年前三季度与 2017 年同期相比增长 11.8%,增速高于总发电量 3.8 个百分比,占总发电量的 22.9%,与去年同期相比增长了 0.8%,中国的发电能源结构在持续优化。[①] Popp 等指出能源消耗仍在快速增长,2014 年一次能源消耗约 570 EJ。全球 19.2% 的能源来自可再生能源,其中 8.9% 来自传统生物质,10.3% 来自现代可再生能源。[②] 然而,目前使用的大部分热能和电力主要来自化石燃料等生物质。[③] 对化石燃料的依赖使得减少温室气体排放变得非常困难。

改革开放以来,中国在保持经济高速增长的同时,也面临着日益严峻的环境挑战。目前,过量的二氧化碳排放已成为经济增长和社会发展的主要制约因素。近年来,中国积极推进宏观经济现代化体系建设、供给侧结构性改革、绿色发展、绿色 GDP 建设、提升经济质量等碳减排政策措施。[④] 中国政府也逐步加大了环境保护和环境执法力度。

作为碳排放和碳减排约束最大的国家,中国应对全球气候变化的任务十分艰巨。深入探索中国经济发展背景下碳排放增长的潜在驱动因素,对应对气候变化、发展低碳经济、建设生态文明具有重要的理论和现实意义。据中国商务部统计,2017 年,中国新设立外商直接投资企业 35652 家,实际使用外资 8776 亿元(约合 1310 亿美元),同比增长 7.9%。与此同时,外资使用途径也呈现多元化特色。相关实证数据表明,中国吸引外商直接投资(FDI)与国内企业对外直接投资(OFDI)呈平行增长趋势。与此同时,中国企业的对外直接投资规模于 2014 年首次超过外商直

---

① https://ec.europa.eu/clima/policies/strategies/2020.

② Popp J, Lakner Z, Harangi-Rakos M et al. The effect of bioenergy expansion: Food, energy, and environment[J]. Renewable and Sustainable Energy Reviews, 2014, 32: 559-578.

③ Popp J, Kot S, Lakner Z et al. Biofuel use: peculiarities and implications[J]. Journal of Security & Sustainability Issues, 2018 (3):477-493.

④ 黄寿峰.财政分权对中国雾霾影响的研究[J].世界经济,2017(2):127-152.

接投资规模,使得中国双向投资首次接近平衡。2016 年,中国对外直接投资规模高速增长,从 2014 年的 1260 亿美元增至 1961.5 亿美元,占全球对外直接投资总额的 13.5%。另外,对外直接投资超过外商直接投资 701.5 亿美元。

发展经济学的经典理论认为,外商直接投资在发展中国家的主要作用是弥补资本缺口和促进技术进步。外商直接投资是资本、技术、组织和营销网络的"综合体"。[①] 根据异质性企业贸易理论,外商直接投资企业的固定成本较高。生产率低的企业一般选择在国内生产和销售产品,[②] 生产率在中等水平的企业会选择向国际市场出口服务,只有生产率高的企业才有可能获得外商直接投资。[③] 因此,外商直接投资企业通常具有较高的生产技术水平,投入更多的研发支出,这将导致东道国产业内的横向溢出和产业间的纵向溢出,从而提高企业的生产率。[④] 中国经济快速增长,企业与国际先进生产技术的差距缩小,其中外商直接投资在发展出口贸易[⑤]、技术进步和生产率提高[⑥]方面发挥了不可替代的作用。根据 1995—2013 年的数据,外资企业对中国 GDP 的贡献率为 16%～34%,对中国就业的贡献率为 11%～29%,其中 2013 年的数据分别为 33% 和 27%。[⑦]

然而,随着外资在华投资规模的迅速增加,中国经济增长与生态环境恶化之间的矛盾日益加剧。根据"污染天堂假说"(pollution haven

---

① Anwar S, Sun S. Heterogeneity and curvilinearity of FDI-related productivity spillovers in China's manufacturing sector[J]. Economic Modelling, 2014, 41: 23-32.

② Helpman E, Melitz M J, Yeaple S R. Export versus FDI with heterogeneous firms[J]. American Economic Review, 2004, (1): 300-316.

③ Yeaple S R. Firm heterogeneity and the structure of US multinational activity[J]. Journal of International Economics, 2009(2):206-215.

④ Hale G, Long C. Did foreign direct investment put an upward pressure on wages in China? [J]. IMF Economic Review, 2011(3):404-430.

⑤ Yao S. On economic growth, FDI and exports in China[J]. Applied Economics, 2006(3): 339-351.

⑥ Bin X, Lu J. Foreign direct investment, processing trade, and the sophistication of China's exports[J]. China Economic Review, 2009(3):425-439.

⑦ [美]米高·恩莱特. 助力中国发展:外商直接投资对中国的影响[M]. 闫雪莲,张朝辉,译. 北京:中国财政经济出版社,2017.

hypothesis,PIH),外商直接投资有助于中国引入资本促进产业升级,也可能加剧当地环境污染,形成"污染天堂"。在此背景下,深入研究"污染天堂假说"及其背后的影响因素,结合中国当前的经济状况,显然具有重要的学术和现实意义。这有助于进一步推进中国对外开放和促进投资的环境规制机制,也将为政策部门在未来能源和环境经济政策选择和安排上提供参考。

本章的结构如下:第一部分为引文,介绍了背景和相关理论;第二部分讨论了当前碳排放潜在影响因素和测量方法;第三部分根据 EKC 理论和 STIRPAT 模型,利用面板数据模型建立了时滞一阶微分广义矩法(GMM)和 SysGMM 模型;第四部分为实证分析;第五部分是结论和政策建议。

随着环境问题对人们生产生活的影响日益显著,社会经济的稳定增长面临着巨大的挑战。2010 年坎昆气候大会(联合国气候变化框架公约第 16 次缔约方大会)同意在 21 世纪将全球气温升幅控制在 2℃ 以内,这鼓励了学界更多地对减少碳排放有影响的经济因素进行分析。

传统的经济学研究方向包括经济增长、产业结构、技术进步、对外贸易、区域贸易和人口迁移等。此外,目前的研究还考察了更多的潜在因素,如投入要素的变动。Chen 等用可再生能源替代化石燃料,建立了能源环境和非径向 Malmquist 指数来衡量碳排放。[①] 其中一个重要课题就是对经济增长与环境关系的研究。环境增长在初期会对环境产生压力,但在拐点之后,经济增长会减少对环境的压力,这个理论即 EKC 理论,被广泛用于检验环境质量和经济增长的关系。[②] Apergis 和 Ozturk 利用 GMM 方法对亚洲 14 个国家 1990—2011 年的 EKC 假说进行研究,发现了 U 形 EKC 的拐点。[③] Ahmad 等应用自回归分布滞后(ARDL)和

---

① Chen W, Geng W. Fossil energy saving and CO_2 emissions reduction performance, and dynamic change in performance considering renewable energy input[J]. Energy, 2017,120:283-292.

② Grossman G M, Krueger A B. Economic growth and the environment[J]. The Quarterly Journal of Economics,1995(2): 353—377.

③ Apergis N, Ozturk I. Testing environmental Kuznets curve hypothesis in Asian countries [J]. Ecological Indicators,2015,52:16-22.

VECM 方法发现克罗地亚 1992—2011 年的 CO_2 排放与经济增长呈倒 U 形关系。[1] 中国是一个快速发展的国家,很多学者都很好奇其经济增长与环境污染物(如 SO_2 和 CO_2)排放之间的关系。Diao 等[2]、Wang 等[3]、Yin 等[4]、Li 等[5]基于中国各省数据,采用静态或动态面板数据分析方法证明了 EKC 假说的存在。

外商直接投资和对外贸易对碳排放的影响越来越受到学术界的重视。一些学者认为外商直接投资会进一步加剧环境恶化。Taylor 和 Copeland 提出了"污染天堂假说",认为一个国家的环境法规降低了国内污染企业的竞争力,导致产业转移。污染密集型公司将从环境成本高的国家转移到环境成本低的国家,这种行为导致一些实行较低环保生产标准的国家成为污染密集型公司的避难所。[6] Levinson 和 Taylor 运用理论和经验检验了环境法规对贸易流动的影响,他们发现减排成本增加最多的行业净进口增加最多。[7] Kesha 等研究表明,大量外资为产业经济调整和经济增长方式转变提供了必要的技术和资金支持。[8]

而"污染光环假说"则认为,外商直接投资过程中使用的先进清洁技术和环境管理体系将会传播到东道国,从而对东道国的环境产生有利的影响。一方面,内外资企业之间的竞争将形成良性循环,有效促进外商直接投资企业的技术溢出和扩散。跨国公司在其他国家投资时,通过提高

① Ahmad N, Du L, Lu J et al. Modelling the CO_2 emissions and economic growth in Croatia: is there any environmental Kuznets curve? [J]. Energy,2017,123:164-172.

② Diao X D, Zeng S X, Tam C M et al. EKC analysis for studying economic growth and environmental quality:a case study in China[J]. Journal of Cleaner Production,2009(5):541-548.

③ Wang Y, Han R, Kubota J. Is there an environmental Kuznets curve for SO_2 emissions? a semi-parametric panel data analysis for China[J]. Renewable and Sustainable Energy Reviews, 2016, 54:1182-1188.

④ Yin J, Zheng M, Chen J. The effects of environmental regulation and technical progress on CO_2 Kuznets curve: evidence from China[J]. Energy Policy, 2015,77:97-108.

⑤ Li T, Wang Y, Zhao D. Environmental Kuznets curve in China: new evidence from dynamic panel analysis[J]. Energy Policy,2016,91:138-147.

⑥ Copeland B R, Taylor M S. North-South trade and the environment[J]. The Quarterly Journal of Economics,1994(3):755-787.

⑦ Levinson A, Taylor M S. Unmasking the pollution haven effect[J]. International Economic Review,2008(1):223-254.

⑧ 郭克莎,李海舰. 中国对外开放地区差异研究[J]. 中国工业经济,1995(8):61-68.

资源的使用效率来缓解东道国国内公司面临的环境污染问题。另一方面,通过知识扩散、技术溢出和转移、资本投资等方式促进东道国环境技术的发展;跨国公司的投资促进了东道国的经济发展和技术进步,对东道国的环境带来了积极的影响,促进了两国在更深层次上的环境合作。此外,Zhu 等使用马来西亚、印度、菲律宾、泰国和新加坡五国在 1981—2011 年的面板数据进行四分位数回归发现外商直接投资对碳排放的影响在中、高碳排放的国家是负的,支持"污染光环假说"。[①] 对亚洲国家的诸多研究也得出结论,外商直接投资有利于亚洲国家减少污染。如Jorgenson 等利用 39 个不发达国家 1975—2000 年的面板数据验证在东道国外商直接投资与碳排放之间的关系,研究结果证实外商直接投资对欠发达国家碳排放具有显著的负向影响。[②]

中国学者基于不同的样本数据,采用不同的测量方法和研究视角来检验外商直接投资的"污染避难所假说"在中国是否成立,得出了不同的结论。结论不一致主要有三个原因。首先,现有文献大多使用省级数据。从地级市层面的研究相对较少,信息存在较多的区域差异,而地级市能够在较小的地理尺度上反映区域间的异质性。省级数据由地级市数据整合而成,因此,地级市数据比省级数据更有研究价值。其次,现有文献大多选择了一种或多种污染物排放,如二氧化碳、二氧化硫和其他气体排放作为环境污染的衡量指标,然而,不同污染物的选择会使研究结论产生矛盾。Xu 等虽然通过熵权法构建了环境污染综合指数,弥补了单一指标的不足,但仍有一些重要污染物未被考虑在内,如 PM2.5。[③] 此外,采用加权综合指标衡量环境污染的主要问题是难以找到客观、权威的加权权重计算方法。环境污染指标选取不合理会削弱模型的解释力。最后,现有研究中使用的空间测量方法相对较少。虽然有学者采用了空间滞后模

---

① Atici C. Carbon emissions, trade liberalization, and the Japan-ASEAN interaction:a group-wise examination[J]. Journal of the Japanese and International Economies,2012(1):167-178.

② Jorgenson A K, Dick C, Mahutga M C. Foreign investment dependence and the environment:an ecostructural approach[J]. Social Problems,2007(3):371-394.

③ Xu L J, Zhou J X, Guo Y et al. Spatiotemporal pattern of air quality index and its associated factors in 31 Chinese provincial capital cities[J]. Air Quality, Atmosphere & Health,2017(5):601-609.

型,但忽略了区域空间的巨大差异。传统的测量方法假设空间是齐次的、无微分的,导致模型的估计系数也是固定的,这明显违背了中国区域间差异明显的事实。

本章以碳影响因素为研究对象,运用广义矩估计方法,系统考察了中国 285 个城市碳排放的关键影响因素。本章的主要贡献如下:首先,本章以中国城市的特征数据为研究基础,较为详细地讨论了影响碳排放的因素。其次,基于 STIRPAT 模型和 EKC 模型,构建了一个动态面板 GMM 模型。最后,根据中国经济发展所处工业化阶段的特殊性,在经济增长因素中加入 FDI、劳动力产出、第二产业结构、人口等因素以更好地探索碳排放的影响因素。本章讨论了倒 N 形 EKC 曲线,并分析了 FDI 的当期和滞后效应。本章的目的是研究中国城市层面的碳排放特征,探索碳排放与经济增长的具体关系,确定关键影响因素,为中国各城市节能减排政策的合理化制定和有效实施提供必要的理论依据和经验支持。

第二节　方法部分

一、数据和变量

考虑数据集的可用性和可得性,本章选取了中国 285 个城市 2003—2015 年的数据。数据来自中国统计年鉴、中国城市统计年鉴、EPS 数据库和 Wind 数据库。表 4-1 简要描述了本章使用的每个变量。由于国家统计局没有公布二氧化碳排放数据,笔者根据联合国政府间气候变化专门委员会指导目录提供的参考方法和 EPS 数据库、Wind 数据库对中国二氧化碳排放量估计数据,获得二氧化碳排放数据。

表 4-1 变量描述

变量	名称	注释	单位
I	每个城市的年度二氧化碳排放总量	化石能源等的二氧化碳排放	万吨
P	每个城市的年度人口	年末人口	万人
IS	每个城市的年度产业结构	第二产业生产总值在总生产总值中的占比	%
PGDP	每个城市的年度国内生产总值	人均 GDP	元/人
$PGDP^2$	每个城市的年度国内生产总值的平方	人均 GDP 的平方	$(元/人)^2$
$PGDP^3$	每个城市的年度国内生产总值的立方	人均 GDP 的立方	$(元/人)^3$
FDI	每个城市的年度外商直接投资	外商直接投资在该市生产总值中的占比	%
T	每个城市的年度技术水平	资本存量与年末就业人数的比值	

注:数据来自 EPS 数据库、中国统计年鉴、中国城市统计年鉴。

表 4-2 提供了一些变量的简要描述性统计数据。表 4-3 显示了模型中自变量和因变量的相关性,各因变量间相关系数均不小于0.6。表 4-4 中各变量的 VIF 值均小于10,说明模型存在多重共线性的概率较小,变量选择较为合理。

表 4-2 变量的描述性统计

变量	观测值	均值	标准差	最小值	最大值
I	3705	5.75	1.32	−0.48	9.62
PGDP	3694	10.02	0.82	4.56	13.06
$(PGDP)^2$	3694	101.02	16.38	21.12	170.45
$(PGDP)^3$	3694	1025.41	247.79	97.03	2225.35
P	3702	5.85	0.69	2.80	8.12
IS	3699	3.86	0.25	2.72	4.51
FDI	3543	0.18	1.29	−5.72	4.61
T	3705	2.47	0	0	2.64

注:所有变量取对数。

表 4-3　相关矩阵

变量		PGDP	P	IS	T	FDI
I	1					
PGDP	0.589	1				
P	0.256	0.009	1			
IS	0.334	0.506	−0.021	1		
T	0.030	0.079	0.067	0.152	1	
FDI	0.313	0.218	0.091	0.055	0.017	1

表 4-4　方差膨胀因子

变量	VIF	1/VIF
PGDP	1.85	0.54087
P	1.08	0.92463
T	1.74	0.57466
IS	1.42	0.70192
FDI	1.07	0.93548

二、变量描述

（一）自变量：CO_2 计算

基于目前常用的计算方法，计算公式为

$$I_{i,t} = \sum_{i=1}^{285} E_{i,j,t} \times \mathrm{NCV}_{i,j,t} \times \mathrm{CEF}_{i,j,t} \times \mathrm{COF}_{i,j,t} \times \frac{44}{12} \qquad (4\text{-}1)$$

式中，i 表示 285 个城市；j 表示化石能源；t 表示 2003—2015 年；E 表示总化石能源消费；NCV 是一单位化石能源的净热能；CEF 是联合国政府间气候变化专门委员会提供的碳排放系数；COF 是碳氧化率，表示化石能源燃烧过程中被氧化的碳的比例，用来衡量能源燃烧的充分性。

（二）因变量

许多学者研究了人口规模、产业结构、人均生产总值、技术创新等因素对碳排放的影响作用。Roy 采用岭回归模型证实了人口规模和经济发展会对碳排放产生积极响应。[①] Al-Mulali 等提供证据表明快速城市化将加速碳排放。[②] Zhang 等通过对城市面板数据的分析,指出城镇化与碳排放之间存在倒 U 形关系。[③] Casey 等表明与个人收入相比,人口对碳排放的弹性更大,因此更有效的人口政策方法往往能更好地减少碳排放。[④] Liu 等表明人口密度的增加将减少能源消耗并减少二氧化碳排放。[⑤] 本章以城市人口(P)、国内生产总值(GDP)、外商直接投资(FDI)、资本和劳动力的比值(T)、产业结构(IS)为本模型的因变量。

三、模型设定

Ehrlich 等首次提出用 IPAT 模型来评估人类活动对环境的影响。[⑥]因变量 I,代表环境影响,可分解为三个主要因素:人口(P)、财富(A)和技术(T)。而后。Dietz 和 Rosa 将 IPAT 模型拓展为 STIRPAT 模型。[⑦] STIRPAT 模型允许对人口、财富、技术进行分解,在分析环境影响因素的过程中可以灵活纳入不同因素。

---

① Roy M,Basu S,Pal P. Examining the driving forces in moving toward a low carbon society: an extended STIRPAT analysis for a fast growing vaste conomy[J]. Clean Technologies and Environmental Policy,2017(9):2265-2276.

② Al-Mulali U, Fereidouni H G, Lee J Y M et al. Exploring the relationship between urbanization, energy consumption, and CO_2 emission in MENA countries[J]. Renewable and Sustainable Energy Reviews,2013,23:107-112.

③ Zhang Y J, Liu Z, Zhang H et al. The impact of economic growth, industrial structure and urbanization on carbon emission intensity in China[J]. Natural hazards,2014,73(2):579-595.

④ Casey G, Galor O. Is faster economic growth compatible with reductions in carbon emissions? The role of diminished population growth[J]. Environmental Research Letters,2017(1):014003.

⑤ Liu Z, Guan D, Wei W et al. Reduced carbon emission estimates from fossil fuel combustion and cement production in China[J]. Nature,2015,524:335-338.

⑥ Ehrlich P R, Holdren J P. Impact of population growth: complacency concerning this component of man's predicament is unjustified and counterproductive[J]. Science,1971,171:1212-1217.

⑦ Dietz T,Rosa E A. Effects of population and affluence on CO_2 emissions[J]. Proceedings of the National Academy of Sciences,1997,94(1):175-179.

$$影响＝人口×财富×科技 \tag{4-2}$$

$$I_{i,t}＝\alpha_i P_{i,t}^b A_{i,t}^c T_{i,t}^d e_{i,t} \tag{4-3}$$

此外,在前人对 EKC 理论研究的基础上,我们增加了 IS(产业结构)、P、FDI 作为解释变量。下面的线性模型是对式(4-3)两边取对数后创建的方程,即

$$\ln I_{i,t}＝\ln\alpha_i＋b\ln P_{i,t}＋c\ln A_{i,t}＋d\ln T_{i,t}＋e_{i,t} \tag{4-4}$$

由于内生性和一致性问题,常用的最小二乘估计(OLS)、固定效应和随机效应估计量在静态面板模型估计中具有很大的有偏差的概率。Balestra 等首次提出使用动态形式来研究面板数据。[①] Anderson 等在估计中引入了拥有两种工具变量的一阶微分模型。后来,又提出广义矩估计方法(GMM),建立了基于 GMM 方法的动态面板数据模型。[②] Holtz-Eakin 等采用一阶工具变量来进行差分的动态面板数据模型 GMM 估计。[③] 动态面板数据模型(Dynamic Panel Data Model)是指通过引入解释的滞后项来反映动态滞后效应的模型,考虑到它可以同时检查动态经济变量的性质和相关因素的影响。综上,本章选择 Diff-GMM 模型和 Sys-GMM 模型估计方法。

EKC 曲线形状和 FDI 对碳排放的影响是本章着重关注的研究对象。我们先看 EKC 曲线的形状,再进一步探讨 FDI 在中国碳排放中的作用。EKC 不仅限于 U 形或倒 U 形,还可以是 N 形、倒 N 形,或者其他形状。[④] 因此,根据 EKC 的经典理论公式,研究中包括 GDP 的平方项和三次方项。添加平方项以观察碳排放与城市经济之间是否存在 U 形或倒 U 形关系,添加三次方项来观察碳排放与城市经济之间是否存在 N 形或倒 N

① Balestra P, Nerlove M. Pooling cross section and time series data in the estimation of a dynamic model: the demand for natural gas[J]. Econometrica: Journal of the Econometric Society, 1966(6): 585-612.

② Anderson T W, Hsiao C. Formulation and estimation of dynamic models using panel data [J]. Journal of Econometrics, 1982(1): 47-82.

③ Holtz-Eakin D, Newey W, Rosen H S. Estimating vector autoregressions with panel data [J]. Econometrica: Journal of the Econometric Society, 1988, 56: 1371-1395.

④ Shafik N, Bandyopadhyay S. Economic growth and environmental quality: time-series and cross-country evidence[M]. Washington DC: World Bank Publications, 1992.

形关系。我们采用方程(4-5)来测试 EKC 曲线的形状：

$$\ln_{i,l}=\alpha+\beta_1\ln X+\beta_2\ln X^2+\beta_3 X^3+\beta_4 Z+e_{i,t} \tag{4-5}$$

式中，I 代表环境条件，这里使用碳排放；X 是经济发展，这里指的是我们论文中的人均 GDP；Z 是影响碳排放的其他变量，如人口、产业结构、FDI、技术；β 是每个解释变量的系数。如果 $\beta_1>0,\beta_2<0,\beta_3=0$，是一条 U 形经典 EKC 曲线；如果 $\beta_1>0,\beta_2<0,\beta_3>0$，则为 N 形 KEC 曲线；如果 $\beta_1<0,\beta_2>0,\beta_3<0$，则是一个倒 N 形 KEC 曲线。我们采用广义矩估计方法，以滞后一阶的被解释变量作为工具变量。选择以它为工具变量的原因有二：一是内生解释变量与这个滞后变量有关；二是滞后的变量受上一期因素影响，与当前干扰项无关。

第三节　结果分析

一、模型分析

本章基于中国 285 个城市的面板数据，对 IPAT 模型进行了扩展，将固定效应模型结果和随机效应模型结果与动态效应模型进行比较。采用 Diff-GMM 模型和 Sys-GMM 方法来构建动态面板模型。根据 Arellano-Bond 测试结果，拒绝 AR(1)但接受 AR(2)。因此，研究结论为：不存在一阶相关，存在二阶相关。Hausman 检验适用于检验固定效应模型或随机效应模型。[①] 根据 Hausman 检验结果，我们选择固定效应模型。Sargan 检验和 Hansen 检验主要用来判断是否存在过度识别。Sargan[②]

---

① Hausman J A. Specifification tests in econometrics [J]. Econometrica：Journal of the Econometric Society,1978,46,1251-1271.

② Sargan J D. The estimation of economic relationships using instrumental variables[J]. Econometrica：Journal of the Econometric Society, 1958 (3)：393-415；Sargan J D. A suggested technique for computing approximations to Wald criteria with application to testing dynamic specifications[J]. School of Economics & Political Science,1975(16)：75-91.

和 Hansen[①] 后来将测试使用扩展到 GMM 中。Hansen 检验的原假设是工具变量是有效的。Diff-GMM 模型和 sys-GMM 的 Hansen 检验 p 值为大于 0.05,所以我们可以推断工具变量是解释的一阶滞后项变量在我们的模型中有效。基本模型结果见表 4-5。

$$\ln I_{i,t} = \beta_1 \ln PGDP_{i,t} + \beta_2 \ln PGDP_{i,t}^2 + \beta_3 \ln PGDP_{i,t}^3 + \beta_4 \ln P_{i,t} + \beta_5 \ln IS_{i,t}$$
$$+ \beta_6 \ln T_{i,t} + \rho \ln I_{i,t-1} + a_i + e_{i,t} \tag{4-6}$$

式中,a_i 代表每个城市的个体固定效应。

$$\Delta \ln I_{i,t} = \beta_1 \Delta \ln PGDP_{i,t} + \beta_2 \Delta \ln PGDP_{i,t}^2 + \beta_3 \Delta \ln PGDP_{i,t}^3 + \beta_4 \Delta \ln P_{i,t}$$
$$+ \beta_5 \Delta \ln IS_{i,t} + \beta_6 \Delta \ln T_{i,t} + \rho \Delta \ln I_{i,t-1} + \Delta e_{i,t} \tag{4-7}$$

研究结果显示,第一,经济发展与碳排放之间呈倒 N 形关系,Kang 等和 Zhou 也发现了这一点,[②]但与传统的 EKC 理论不一致,传统的 EKC 理论总是呈倒 U 形或 N 形曲线。在本书中,人均 GDP 和人均 GDP 的立方对碳排放有负向影响,而人均 GDP 的平方对碳排放有正向影响。在固定效应模型中,三个变量都在 1% 的水平上显著。然而,在 Sys-GMM 模型中,人均 GDP 的立方在统计上不显著,人均 GDP 的系数与人均 GDP 的平方或立方的系数相比是最大的。这意味着人均 GDP 在碳排放中的作用比人均 GDP 的平方或立方更重要。

第二,从动态面板模型结果来看,碳排放的滞后一期项具有 1% 的统计显著性。在 Diff-GMM 模型中,滞后一期的碳排放系数为 0.1809,即滞后系数每增加 1%,碳排放量将增加 0.1809%。与 Diff-GMM 模型相比,Sys-GMM 模型具有更大的系数。此外,人口对碳排放产生积极影响。Grossman 和 Krueger 指出,人们的生命离不开能源,人口增长必然导致能源消耗和二氧化碳排放量的增加。[③] Shi 强调,发展中国家往往以

---

① Hansen L P. Large sample properties of generalized method of moments estimators[J]. Econometrica: Journal of the Econometric Society, 1982(4):1029-1054.

② Kang Y Q, Zhao T, Yang Y Y. Environmental Kuznets curve for CO₂ emissions in China: a spatial panel data approach[J]. Ecological indicators, 2016, 63:231-239; Zhou Z, Ye X, Ge X. The impacts of technical progress on sulfur dioxide Kuznets curve in China: a spatial panel data approach [J]. Sustainability, 2017(4):674.

③ Grossman G M, Krueger A B. Environmental impacts of a North American free trade agreement[R]. CEPR Discussion Papers, 1992.

牺牲环境为代价来促进经济发展。[①] 因此,发展中国家人口增长对碳排放增长的促进作用大于发达国家。结果显示,在5%的显著性水平上,人口每增加1%,碳排放量将增加0.1894%。

第三,碳排放量随第二产业比重的增加而上升。第二产业包括大量高耗能行业,如采矿、制造、电力、天然气和建筑等,第二产业比重越大,能量消耗量越大,二氧化碳排放量越大。由于中国第二产业比重逐年下降,碳排放量也随之下降,这与倒N形的EKC曲线相符。

表 4-5　模型结果

变量	固定 OLS	随机 MLE	Diff-GMM 模型	Sys-GMM 模型
PGDP	-1.4465^{***}	-1.4001^{***}	-2.9531^{***}	-0.7987^{**}
	(-9.82)	(-10.79)	(-4.02)	(-2.22)
$PGDP^2$	0.2314^{***}	0.2200^{***}	0.5274^{***}	0.1210^{*}
	(8.40)	(8.93)	(4.10)	(1.86)
$PGDP^3$	-0.0083^{***}	-0.0075^{***}	-0.0226^{***}	-0.0039
	(-6.26)	(-6.24)	(-3.85)	(-1.36)
P	0.7021^{***}	0.6378^{***}	2.2558^{***}	0.1894^{**}
	(5.51)	(10.34)	(3.56)	(2.36)
IS	0.1872^{***}	0.2924^{***}	0.7631^{**}	0.3737^{***}
	(2.97)	(4.83)	(2.11)	(3.08)
T	-1.3362^{***}	-1.5202^{***}	-2.5023^{***}	-3.1419^{***}
	(-5.10)	(-8.49)	(-2.85)	(-5.06)
L. Carbon			-0.1809^{***}	0.6777^{***}
			(-2.70)	(13.60)
_cons	3.8339^{***}	4.1727^{***}		
	(11.95)	(14.31)		
N	3705	3705	3135	3420
R^2	0.3226			
F	270.9265			

① Shi A. The impact of population pressure on global carbon dioxide emissions,1975-1996: evidence from pooled cross-country data[J]. Ecological Economics,2003(1):29-42.

变量	固定 OLS	随机 MLE	Diff-GMM 模型	Sys-GMM 模型
p	0.0000	0.0000	0.0000	0.0000
Hauseman Test	0.0000			
A-B test AR(1)			0.040	0.000
A-B test AR(2)			0.105	0.065
Hansen Test			0.056	0.137

注:括号内为 t 统计量,*、**、***分别表示在 10%、5%、1% 的水平上显著

第四,资本和劳动力的比值降低了碳排放。资本和劳动力的比值是资本投资与生产中劳动力投入的比值,反映了生产中最基本的资源配置水平。该比值的大小和变化主要由生产技术条件决定。一般来说,随着技术的进步,资本与劳动力趋于增加。且资本和劳动力比值的系数在统计上显著为正。在 Diff-GMM 模型方法中,资本和劳动力的比值每增加 1%,碳排放量将减少 2.5023%。技术进步在减少二氧化碳排放的过程中发挥着重要的作用。与本研究的结论相似,Henriques 以欧美国家和日本为例,发现技术进步对碳排放有长期抑制作用。[1] Ahmad 等研究了 24 个欧洲国家,发现技术进步可以显著减少碳排放。[2]

在考察了 EKC 理论和中国城市碳排放的适应性后,我们证实了当前经济增长与中国城市二氧化碳排放水平之间存在倒 N 形关系。表 4-6 显示了在模型中加入 FDI 后的回归结果。此外,改进后的模型为

$$\ln I_{i,t} = \beta_1 \ln PGDP_{i,t} + \beta_2 \ln PGDP_{i,t}^2 + \beta_3 \ln PGDP_{i,t}^3 + \beta_4 \ln P_{i,t} + \beta_5 \ln IS_{i,t}$$
$$+ \beta_6 \ln T_{i,t} + \beta_7 \ln FDI_{i,t} + \rho \ln I_{i,t-1} + a_i + e_{i,t} \tag{4-8}$$

$$\Delta \ln I_{i,t} = \beta_1 \Delta \ln PGDP_{i,t} + \beta_2 \Delta \ln PGDP_{i,t}^2 + \beta_3 \Delta \ln PGDP_{i,t}^3$$
$$+ \beta_4 \Delta \ln P_{i,t} + \beta_5 \Delta \ln IS_{i,t} + \beta_6 \Delta \ln T_{i,t} + \beta_7 \Delta \ln FDI_{i,t}$$
$$+ \rho \Delta \ln I_{i,t-1} + \Delta e_{i,t} \tag{4-9}$$

---

[1]　Henriques S T, Borowiecki K J. The drivers of long-run CO_2 emissions in Europe, North America and Japan since 1800[J]. Energy Policy,2017,101:537-549.

[2]　Ahmad A, Zhao Y, Shahbaz M et al. Carbon emissions, energy consumption and economic growth:an aggregate and disaggregate analysis of the Indian economy[J]. Energy Policy,2016,96: 131-143.

表 4-6　模型结果

变量	固定 OLS	随机 MLE	Diff-GMM 模型	Sys-GMM 模型
PGDP	−1.445*** (−9.81)	−1.380*** (−10.60)	−0.963** (−2.48)	−0.358 (−1.32)
$PGDP^2$	0.231*** (8.39)	0.216*** (8.76)	0.146** (1.96)	0.048 (1.01)
$PGDP^3$	−0.008*** (−6.24)	−0.007*** (−6.07)	−0.004 (−1.34)	−0.001 (−0.47)
P	0.708*** (5.52)	0.641*** (10.47)	1.643*** (3.75)	0.131** (2.38)
IS	0.188*** (2.99)	0.300*** (4.95)	0.361** (2.14)	0.450*** (3.79)
T	−1.352*** (−5.09)	−1.5562*** (−8.67)	−0.961 (−1.30)	−2.011*** (−4.54)
FDI	0.004 (0.37)	0.020 * (1.89)	0.064 * (1.86)	0.095*** (4.97)
L. carbon			0.017 (0.27)	0.681*** (15.36)
_cons	3.829*** (11.92)	4.176*** (14.33)	4.058*** (3.23)	
N	3705	3705	3135	3420
R^2	0.267			
F	163.124			
p	0.000	0.000	0.000	0.000
Hauseman Test	0.000			
A-B test AR(1)			0.012	0.000
A-B test AR(2)			0.084	0.054
Hansen Test			0.251	0.058

注:括号内为 t 统计量,*、**、***分别表示在 10%、5%、1%的水平上显著。

FDI 在差分 GMM 的估计系数为 0.017,显著为正。这意味着在过去十年中,外商直接投资增加了城市层面的二氧化碳排放。一个原因是这些城市没有重视投资可能带来的潜在问题,另一个原因是有些政府为了 GDP 的竞争在吸引外资的时候没有考虑环境问题。很长一段时间内,中国地方政府领导的绩效考核主要基于经济发展。在该制度下,地方政府有动力利用 FDI 增加对当地经济的投资,尽管这可能会增加二氧化碳排放。此外,ln(L. carbon)的系数在 Diff-GMM 模型中不显著,但在 Sys-GMM 模型检验中显著,这表明前期碳排放与后期碳排放仍存在正相关关系(见表 4-7)。这间接反映了地方政府不重视监管当期的污染,当期碳排放问题并没有得到解决,产生负外部性,导致碳排放影响的滞后效应。

表 4-7　模型结果

变量	固定 OLS	随机 MLE	Diff-GMM 模型	Sys-GMM 模型
PGDP	−1.167*** (−6.78)	−1.443*** (−8.47)	−1.274*** (−2.85)	−1.058*** (−2.80)
PGDP^2	0.187*** (5.91)	0.226*** (7.19)	0.216** (2.54)	0.153** (2.31)
PGDP^3	−0.007*** (−4.48)	−0.008*** (−5.19)	−0.009** (−2.17)	−0.006* (−1.85)
P	1.345*** (5.92)	0.607*** (9.17)	3.3600*** (3.07)	0.230*** (3.03)
IS	0.195*** (2.99)	0.266*** (4.22)	0.257* (1.86)	0.421* (1.90)
T	−0.783** (−2.30)	−2.058*** (−6.22)	−0.388 (−0.45)	−2.473*** (−3.91)
FDI	−0.024** (−2.13)	−0.005 (−0.50)	−0.155*** (−3.02)	−0.007 (−0.18)
L. carbon		−0.083 (−1.29)	0.699*** (14.47)	

续表

变量	固定 OLS	随机 MLE	Diff-GMM 模型	Sys-GMM 模型
_cons	−1.293 (−0.84)	5.792*** (6.46)		
N	3705	3705	3135	3420
R^2	0.267			
F	163.124			
p	0.000	0.000	0.000	0.000
Hauseman Test	0.000			
A-B test AR(1)			0.012	0.000
A-B test AR(2)			0.084	0.054
Hansen Test			0.251	0.058

注:括号内为 t 统计量,*、**、***分别表示在 10%、5%、1%的水平上显著。

在国际贸易中,跨国贸易通过贸易公司的投资存在技术溢出。国际流通资本会给东道主国家带来先进生产技术,通过技术溢出推动当地绿色低碳发展。Kogut 和 Chang 首次提出通过研究日本在美国的 FDI 来研究 ODI 的反向技术溢出效应。[①] 此外,研究表明,尽管贸易自由化在短期内对环境产生了负面影响,但长期来看,贸易自由化将对环境产生积极影响。因此,为了进一步探讨 FDI 对碳排放的影响,我们增加了 FDI 的滞后期变量并删除当期 FDI 以观察其长期动态效应。改进的模型为

$$\Delta \ln I_{i,t} = \beta_1 \Delta \ln PGDP_{i,t} + \beta_2 \Delta \ln PGDP_{i,t}^2 + \beta_3 \Delta \ln PGDP_{i,t}^3$$
$$+ \beta_4 \Delta \ln P_{i,t} + \beta_5 \Delta \ln IS_{i,t} + \beta_6 \Delta \ln T_{i,t}$$
$$+ \beta_7 \Delta \ln FDI_{i,t-1} + \delta \Delta \ln I_{i,t-1} + \Delta e_{i,t} \tag{4-10}$$

$$\Delta \ln I_{i,t} = \beta_1 \Delta \ln PGDP_{i,t} + \beta_2 \Delta \ln PGDP_{i,t}^2 + \beta_3 \Delta \ln PGDP_{i,t}^3$$
$$+ \beta_4 \Delta \ln P_{i,t} + \beta_5 \Delta \ln IS_{i,t} + \beta_6 \Delta \ln T_{i,t} + \beta_7 \Delta \ln FDI_{i,t}$$
$$+ \beta_8 \Delta \ln FDI_{i,t-1} + \delta \Delta \ln I_{i,t-1} + \Delta e_{i,t} \tag{4-11}$$

---

① Kogut B, Chang S J. Technological capabilities and Japanese foreign direct investment in the United States[J]. The Review of Economics and Statistics, 1991 (3): 401-413.

表 4-7 展示了滞后一期的 FDI 影响碳排放的模型结果。估计系数 ln(L.FDI)显著为负(−0.1552),这意味着滞后一期的 FDI 与碳排放之间存在显著负相关性。人均 GDP、人口规模和产业结构均会显著提高二氧化碳排放量。

表 4-7 和表 4-8 表明,虽然在本期引入 FDI 会增加第一年的碳排放量,但第二年的碳排放量将会有所降低。外商直接投资对抑制碳排放有积极作用,证实了"污染光环假说"和"波特假说"。因为中国的外商直接投资主要投资于高排放、高污染或高能耗产业,导致本期碳排放量增加。但是,资本要素如技术、资金、人力等也被引入,技术溢出效应将促使部分企业升级生产工艺技术和降低能源消耗。此外,面对国外投资方面的压力,本土企业正在努力降低生产成本、加大研发投入和开发新技术,减少模仿产生的碳排放量。只是这种技术溢出需要时间,所以呈现出一定的滞后性。王正明和温桂梅的研究表明,当期和落后一期的外商直接投资对碳排放有负面影响,而滞后二期的外商投资对碳排放有积极影响。[①]因为他们使用的是 2003—2009 年的数据,所以有一定的可比性,对本研究具有重要意义。本章使用 2003—2015 年的数据发现,仅滞后一个阶段,FDI 即能减少碳排放。这表明,在当前资源、环境、贸易和投资等方面,我国更加重视对外商直接投资的审查和监管。我国不仅关注资金量,也开始考虑高质量发展的重要性。此外,这也表明中国企业的节能环保意识已有所加强,正在不断加大研发投入力度。

表 4-8 模型结果

变量	固定 OLS	随机 MLE	Diff-GMM 模型	Sys-GMM 模型
PGDP	−1.172*** (−6.81)	−1.448*** (−8.51)	−1.478*** (−3.28)	−0.381 (−1.61)
PGDP²	0.188*** (5.94)	0.227*** (7.25)	0.233*** (2.74)	0.054 (1.31)

[①] 王正明,温桂梅.国际贸易和投资因素的动态碳排放效应[J].中国人口·资源与环境,2013(5):143-148.

变量	固定 OLS	随机 MLE	Diff-GMM 模型	Sys-GMM 模型
$PGDP^3$	−0.007*** (−4.50)	−0.008*** (−5.22)	−0.008** (−2.08)	−0.001 (−0.70)
P	1.346*** (5.93)	0.604*** (9.25)	1.525*** (3.53)	0.153*** (2.62)
IS	0.198*** (3.04)	0.273*** (4.33)	0.517** (2.10)	0.458*** (3.66)
T	−0.854** (−2.49)	−2.180*** (−6.56)	−1.762*** (−2.62)	−2.175*** (−5.10)
FDI	0.019 (1.48)	0.037*** (2.93)	0.120** (2.46)	0.160*** (3.64)
L. FDI	−0.032** (−2.54)	−0.021* (−1.71)	−0.094** (−2.44)	−0.082** (−2.22)
L. carbon	−0.049 (−0.79)	0.687*** (15.52)		
_cons	−1.167 (−0.76)	6.020*** (6.72)		4.208*** (3.54)
N	3705	3705	3135	3420
R^2	0.268			
F	143.063			
p	0.000	0.000	0.000	0.000
Hauseman Test	0.000			
A-B test AR(1)			0.002	0.000
A-B test AR(2)			0.227	0.062
Hansen Test			0.230	0.798

注:括号内为 t 统计量,*、**、***分别表示在10%、5%、1%的水平上显著。

(二)讨论

"污染天堂假说"认为,外商直接投资会影响东道国环境质量,本章的数据结果也证实了这一假设。一般来说,外商直接投资会扩大投资国的出口水平,从而带动污染排放量增加,特别是对污染密集型行业的外商直接投资。多年来,中国一直是吸引外资最多的发展中国家。增加外商直接投资不仅对促进中国经济发展发挥了重要作用,同时也极大地促进了中国出口贸易和技术的发展。随着中国经济的飞速发展,污染物排放急剧增加,环境质量恶化与外商直接投资密切相关。但是,我们的研究也发现,在第二阶段,FDI 可以通过技术溢出收益有效减少碳排放。我们认为,这种碳排放的减少来自三个方面:一是技术的进步和效率的提高。Lee 认为,FDI 的技术进步可能快速提高能源资源的利用率并减少二氧化碳排放。[①] 二是外商直接投资促进专利申请量增加,从而促进专利申请量增加。Ito 等指出,在华外商直接投资企业(FIEs)不仅投资于生产活动,而且投资于研发活动,这有效提高了专利申请数量。[②] Cheung 等使用 1995—2000 年省际数据发现 FDI 对国内专利数量存在正向影响。[③]三是可再生能源行业的 FDI 将促进技术溢出影响。

第四节　本章小结

一、结论

本章根据 2003—2015 年中国城市碳排放数据,利用多面板模型充分验证了 EKC 和 PHH 假设在中国城市层面的适用性,并讨论了影响城市碳排放的各种可能因素,包括人均 GDP、人口、第二产业结构、技术、FDI

① Lee J W. The contribution of foreign direct investment to clean energy use, carbon emissions and economic growth[J]. Energy Policy,2013,55:483-489.

② Ito B, Yashiro N, Xu Z et al. How do Chinese industries benefit from FDI spillovers? [J]. China Economic Review,2012(2):342-356.

③ Cheung K, Ping L. Spillover effects of FDI on innovation in China: evidence from the provincial data[J]. China Economic Review,2004(1):25-44.

等。本章研究主要有两个发现:一是确认了人均 GDP 与二氧化碳之间存在倒 N 形关系;二是确认了尽管 FDI 对环境质量有负面影响,但是通过技术进步,滞后一期的 FDI 会降低二氧化碳的排放。本章在固定效应模型的基础上,增加了对 FDI 滞后一期减排效应的分析,研究结果支持"污染光环假说"和"波特假说"。实证结果表明,我国地级市 2003—2015 年的数据否定了传统的 EKC 曲线理论,进一步证实了中国人均 GDP 与城市碳排放呈倒 N 形关系。此外,通过动态面板模型,证明了碳排放滞后效应的存在。在 FDI 面板分析中,我们的实验表明 FDI 增加了当期城市碳排放,而在滞后阶段,FDI 有利于减少城市碳排放。引入外商直接投资来促进区域社会经济发展可能偏离原来的预期,因为如果地方政府规范企业行为,尽管能促进节能环保工作,但会在一定程度上限制经济的发展。因此,地方政府往往会牺牲环境以保障经济发展。随着时间的推移,FDI 的引入给区域内公司带来了技术溢出效应,进而促进节能减排业务的发展。在这两种 FDI 效应下,我国应注意这一潜在的有害现象,并想办法予以解决。

二、政策建议

(一)推动与外商直接投资企业和项目的高质量、深层次合作

改革开放以来,中国经济实现了高速发展,与国际先进生产技术的差距也在不断缩小,其中 FDI 发挥了不可替代的重要作用。因此,正在建设现代化经济体系的中国应该继续坚持引进外资,鼓励内资企业和外资企业开展高质量、深层次的绿色合作。FDI 可以为国内企业提供跨国投资经验。同时,跨国公司的技术溢出效应还可以提高国内公司的生产力。通过技术溢出,国内企业不仅可以"走出去",扩大经营范围,还可以进一步利用 FDI 的逆向技术溢出来实现中国的产业升级。在引进优质外资方面,要大力吸引全球领先的装备制造公司、高新技术公司等外商直接投资企业来华设立研发中心,推动工业智能化、制造业服务化,以及全球创新链、产业链的整合发展。在强化产业链合作方面,与外商建立稳定的产业

链和供应链合作关系,实现产业链上下游的深度融合,提升整体产业竞争力。

(二)强化环保生产标准,加强对外商直接投资企业的监管

中央和地方政府应对外商直接投资的高污染、高耗能、高排放企业或项目征收能源税。严格执法,严惩违反相关规定的企业。一些研究事实证明,对企业和项目征收能源税可以减少经济损失,最大限度地保障居民福利。Parry首次提出税收机制不仅可以改善环境,还可以通过各种方式减少税收造成的扭曲,实现税收收入的再分配。[①] Schwartz 和 Repetto认为就业与环境和健康质量的变化有关,所以环境税将获得环境保护和经济增长的"双重红利"。[②] 然而,Radulescu 等发现补贴在排放税方面的效果优于环境税。[③] 所以,鉴于中国的实际情况,未来的研究需要进一步探索环境税和补贴等不同监管措施的成本和效果。随着《资源型城市可持续发展规划》及 2015 年《中华人民共和国环境保护法》的正式出台,中国环保工作进入了新的阶段。

(三)改进地方政府绩效考核方式

近十年来,FDI 在中国的蓬勃发展离不开地方政府绩效考核办法的推动。为竞争"地方 GDP 冠军",地方政府往往忽视外商直接投资带来的环境问题,一味追求 GDP 增速。对此,地方政府应树立保护生态环境的意识,并将生态环境发展指标纳入绩效评价体系,推行绿色 GDP。地方政府要重视对外商直接投资企业和项目的审查,避免追求短期经济增长而忽视生态环境影响。此外,地方政府要加强先进污染物监测技术的研发,提高污染物排放监测水平。

---

① Parry I W H. Pollution taxes and revenue recycling[J]. Journal of Environmental Economics and Management,1995(3):S64-S77;Goulder L H,Parry I,Burtraw D. Revenue-raising vs. other approaches to environmental protection:the critical significance of pre-existing tax distortions[R]. NBER Working Papers,1996;Goulder L H. Environmental taxation and the double dividend:a reader's guide[J]. International Tax and Public Finance,1995(2):157-183.

② Schwartz J,Repetto R. Nonseparable Utility and the double dividend debate:reconsidering the tax-interaction effect[J]. Environmental and Resource Economics,2000(2):149-157.

③ Radulescu M,Sinisi C I,Popescu C et al. environmental tax policy in Romania in the context of the EU:Double dividend theory[J]. Sustainability,2017(11):1986.

第五章　财政分权对碳排放的溢出效应研究

　　基于传统的 STIRPAT 模型,本章利用广义矩估计方法探讨了影响碳排放的经济因素,确认了财政分权水平和工业化程度对碳排放有正向影响,同时外商直接投资对碳排放有负向影响。空间 Durbin 模型的验证结果证明,财政分权对促进碳排放存在直接和溢出效应。此外,莫兰(Moran)的研究表明,碳排放存在显著的空间相关性。首先,在"逐底竞争假说"下,本章强调了地方政府间财政竞争的归因,探讨了中国各省碳排放的"公地悲剧"现象。其次,本章利用固定效应面板分位数回归模型,探讨了财政分权水平、外商直接投资等经济因素对碳排放的影响。财政分权水平和环境规制强度可以显著减少碳排放,但财政分权水平和环境规制强度之间的交互作用又会促进碳排放;人均 GDP 和工业化程度对碳排放有正向影响;外商直接投资有利于减少碳排放。随着碳排放分位数的增加,财政分权对碳排放的影响持续下降,而环境监管的影响则在不断增加。最后,根据实证分析结果,本章提出了一些合理的碳减排政策。

第一节　引言

　　改革开放以来,中国经济持续快速增长,取得了举世瞩目的成就,然而,高经济增长率主要依赖于高耗能发展模式。2007 年,中国超过美国成为世界第一大碳排放国。2017 年,中国碳排放量占全球碳排放总量的

27.61%,增长率为 1.6%。减少碳排放、延缓全球变暖已成为中国政府面临的热点问题和挑战之一。在《强化应对气候变化行动——中国国家自主贡献》报告中,中国承诺在 2030 年左右实现碳排放"达峰",使单位国内生产总值碳排放较 2005 年下降 60%~65%。[1] 工业化后期经济平稳发展仍然离不开能源的大量消耗。中国政府已经实施了许多碳减排政策。《2014—2015 年节能减排低碳发展行动方案》规定,要充分发挥能源监管机构作用,加强能源消费监管。然而,节能减排所需投入巨大,地方政府缺少完全实现的政策机制。此外,由于行政权力和支出责任划分不明确,地方政府往往采取"搭便车"策略,缺乏实施碳减排政策的真正动力。因此,如何有效减少碳排放已成为经济社会可持续发展的重中之重。[2]

财政分权是指各级政府相对独立的财政收支责任。[3] 中国的财政分权体制历经几番波折,逐渐从计划经济下的集权模式转变为经济转型期的逐步分权阶段。1949 年以来,中国不断调整中央与地方的财政关系,实行统一政府的财政集中制。[4] 我国的财政分权是在改革开放以后,特别是 20 世纪 80 年代中期以后,随着经济体制改革的深入,实施的一项重大的财政制度改革。这一改革以增强地方财政自主权、激发地方政府活力为目标,改变了以前高度集中的财政制度。具体来说,财政分权包括税权的分配和预算权的分配,即地方政府可以征收一部分税收,并对地方预算有一定的决策权。

我国的财政分权方式主要分为两种:一是税源分离方式,二是税收分享方式。税源分离方式,即中央政府和地方政府各自有独立的税收来源。例如,所得税、增值税等属于中央的税收来源,而土地使用税、房产税等则属于地方政府的税收来源。这样一来,两级政府的财政收入便分属于自

---

① 黄群慧. 改革开放 40 年中国的产业发展与工业化进程[J]. 中国工业经济,2018(9):5-23.

② Donglan Z, Dequn Z, Peng Z. Driving forces of residential CO_2 emissions in urban and rural China:an index decomposition analysis[J]. Energy Policy,2010(7):3377-3383.

③ Bird R M. Threading the fiscal labyrinth:some issues in fiscal decentralization[J]. National Tax Journal,1993(2):207-227.

④ Bahl R W, Wallich C. Intergovernmental fiscal relations in China[R]. IMF Working Papers,2005.

己,有利于决策自主。税收分享方式,即某种税收的收入,由中央政府和地方政府按照一定的比例进行分配。例如,我国现行的增值税,一部分归中央,一部分归地方。在税收管理上,我国采取中央和地方税务机构分设,分别负责中央和地方税收管理的分税制。中央税务机构主要负责中央税(如关税、消费税等),地方税务机构主要负责地方税(如城市维护建设税、房产税等),而增值税等存在中央和地方共享部分。在财政支出方面,主要是中央政府负责国防、外交等国家基本功能,地方政府负责集体福利、地方建设等地方性功能。

我国的财政分权模式,强调中央与地方的协调发展,旨在权责一致、收支平衡,以实现中央与地方之间的协调分工。中央政府将更多的财政权利和资源分配自主权下放给地方政府,因为地方政府可以获得更多信息[1],从而有效地提供公共商品[2]。《中华人民共和国环境保护法》规定,地方各级人民政府对本行政区域的环境质量负责。然而,在财政分权的背景下,由于基于 GDP 的绩效考核机制和基于民意调查的晋升制度,地方政府更倾向于通过牺牲环境治理、降低监管标准来吸引投资。因此,研究财政分权与碳排放的关系,对了解各省碳排放的不同属性,进而全面推进我国绿色协调发展具有重要意义。

财政分权对地方政府的行为具有重要影响。在财政分权体制下,地方政府成为主要利益相关者。司法管辖区之间可能存在对有限资源和市场的竞争,以在经济和政治领域占据优势。Breton 认为财政分权加剧了地方政府之间的金融竞争。[3] 税收竞争是我国地方政府间最早的财政竞争方式。地方政府虽然没有税收立法权,但地方政府可以充分利用中央在税收政策上给予的"自由裁量权",灵活确定企业实际税负。随着税收制度的不断完善,财政竞争的主要形式逐渐转变为财政支出竞争。财政支出竞争有两种相反的形式:一方面,政府投资当地基础设施建设,改善

---

① Tiebout C M. A pure theory of local expenditures[J]. Journal of Political Economy,1956 (5):416-424.

② Berglas E. On the theory of clubs[J]. The American Economic Review,1976(2):116-121.

③ Breton A. Competitive governments:an economic theory of politics and public finance[M]. Cambridge:Cambridge University Press,1998.

环境,促进经济发展;另一方面,政府可能将更多的财力投入有利于经济增长的基础设施建设上,但忽视了公共卫生、环保、科技、教育等方面的支出,对经济的长期发展产生负面影响。

因此,寻找政府间财政竞争和碳排放之间的联系和财政分权对碳排放的作用机制具有重要意义。首先,本章探索了广义矩估计方法,分析了中国 30 个省份碳排放的经济影响因素,证实了财政分权和工业化对碳排放的积极影响,而外商直接投资将减少碳排放。其次,本章应用莫兰指数探索性空间分析,研究了地理相邻、地理距离和经济距离条件下碳排放的空间相关性。结果证实,当将这三个矩阵分别用作空间矩阵时,碳排放之间存在很强的正空间相关性。再次,本章利用面板分位数回归模型研究了不同经济因素对碳排放分位数的影响。最后,本章通过空间 Durbin 模型研究了财政分权的空间溢出效应。实证结果表明,财政分权可以促进本地区和邻近地区的碳排放,论证了"逐底竞争"假说,探讨了政府竞争现象的存在。本章旨在通过上述探索性研究工作总结我国省际碳排放特征,强调政府间财政竞争的作用,探讨财政分权政策对省际碳排放的影响,从而提供经验支持和决策建议。

已有文献已对碳排放驱动力进行了广泛研究,并采用了多种方法和模型来探索社会、经济因素对碳排放的影响。在考察经济发展对碳排放的影响时,环境库兹涅茨(EKC)曲线理论总是被大量使用。EKC 理论指出,在经济发展初期,经济发展对环境的负担较大,但经过某个节点后,经济发展将对生态环境起到积极作用。Tiwari 等基于对印度碳排放的分析证实了 EKC 曲线的存在。[①] Wang 等发现中国电力和热力生产部门的经济发展与碳排放之间存在 U 形 EKC 曲线。[②] 除了经济发展,产业结构

---

① Tiwari AK, Shahbaz M, Adnan Hye QM. The environmental Kuznets curve and the role of coal consumption in India: cointegration and causality analysis in an open economy[J]. Renewable and Sustainable Energy Reviews,2013(18):519-527.

② Wang M, Feng C. Decomposition of energy-related CO_2 emissions in China: an empirical analysis based on provincial panel data of three sectors[J]. Applied Energy,2017,190:772-787.

是碳排放的另一个重要驱动力。① 与第一和第三工业部门相比,第二工业部门是主要的碳排放者。Wang 等使用 2000—2004 年的数据进行研究,发现第二产业的碳排放约占中国总碳排放量的 80%。② Zhang 等利用面板向量自回归模型讨论了碳排放、外商直接投资存量和国内资本存量之间的关系,并根据 Cobb-Douglas 生产函数发现外商直接投资对碳排放没有影响。③ 也有学者经研究认为外商直接投资可以减少中国的碳排放。④

近期,环境规制引起国内外关注,学者开始研究环境规制与碳排放的关系。⑤ 有学者认为,环境规制促进了碳排放。有学者在新古典经济学理论的基础上,提出了"限制论",认为环境规制可以减少碳排放。⑥ "波特假说"假设环境规制可以产生"创新补偿"效应,对企业生产力产生正向影响,从而促进碳减排。⑦ 此外,已有研究也指出,在"强制减排"政策下,环境规制可以有效减少碳排放。⑧ 学者关注环境规制与碳排放之间的非线性关系。⑨ 如 Wenbo 等以 2004—2015 年中国 30 个省份为研究样本,

---

① Du Q, Zhou J, Pan T et al. Relationship of carbon emissions and economic growth in China's construction industry[J]. Journal of Cleaner Production,2019,220:99-109.

② Zhang J, Jiang H, Liu G et al. A study on the contribution of industrial restructuring to reduction of carbon emissions in China during the five Five-Year Plan periods[J]. Journal of Cleaner Production,2018,176:629-635.

③ Zhang K, Dong J, Huang L et al. China's carbon dioxide emissions: an interprovincial comparative analysis of foreign capital and domestic capital[J]. Journal of Cleaner Production 2019,238:1-11.

④ Zhang C, Zhou X. Does foreign direct investment lead to lower CO₂ emissions? evidence from a regional analysis in China[J]. Renewable and Sustainable Energy Reviews,2016,58:943-951.

⑤ Zhao X, Yin H, Zhao Y. Impact of environmental regulations on the efficiency and CO₂ emissions of power plants in China[J]. Applied Energy,2015,149:238-247.

⑥ Cui L, Fan Y, Zhu L, Bi Q. How will the emissions trading scheme save cost for achieving China's 2020 carbon intensity reduction target? [J]. Applied Energy,2014,136:1043-1052;Pei Y, Zhu Y, Liu S et al Environmental regulation and carbon emission: the mediation effect of technical efficiency[J]. Journal of Cleaner Production,2019,236:117599.

⑦ Galloway E, Johnson E P. Teaching an old dog new tricks: firm learning from environmental regulation[J]. Energy Economics,2016,59:1-10;Porter M E, Claas V D L. Toward a new conception of the environment-competitiveness relationship[J]. The Journal of Economic Perspectives,1995(9):97.

⑧ Wang X, Wang J, Jiao C et al. RETRACTED: preparation of magnetic mesoporous poly-melamine-formaldehyde composite for efficient extraction of chlorophenols[J]. Talanta: the International Journal of Pure and Applied Analytical Chemistry,2018,184:565-565.

⑨ Wang Y, Zhang C, Lu A et al. A disaggregated analysis of the environmental Kuznets curve for industrial CO₂ emissions in China[J]. Applied Energy,2017,190:172-180.

发现环境法规与 CO_2 排放之间存在倒 U 形关系。[①] 随着环境规制力度由弱变强,影响效应从"绿色悖论"效应转变为"反强制减排"效应。因此,现有的研究对环境规制能否减少碳排放尚未达成共识。在模型方面,对数均值指数(LMDI)方法是分析经济因素与碳排放之间关系的一种常用方法。[②] Meng 等使用 LMDI 方法发现研发强度是抑制碳排放增长的主要因素。[③] Jiang 等利用 LMDI 方法测试了电力输出对碳排放的影响和主要驱动因素,他们根据中国电力部门的数据,得出电力输出效应对增加 CO_2 排放的作用最为显著。[④] 考虑到社会经济因素之间的区域间相互作用,空间模型强调因变量之间的空间相关性。[⑤] Tong 等利用地理矩阵论证了中国碳排放的空间依赖性,并探讨了经济发展、产业结构和技术水平等经济因素对碳排放的空间溢出效应。[⑥]

财政分权理论起源于 20 世纪 50 至 60 年代,大量研究从地方政府职能和公共产品供应的角度证实了财政分权的优越性和必要性。[⑦] 这些早期理论假设政府追求社会福利最大化,但忽略了公众的自主选择性。后来,一些学者指出政府更喜欢追求自身预算的最大化,而不是社会福利最大化。Bardhan 使用投票模型指出财政分权可能催生地方利益集团,并

① Wenbo G, Yan C. Assessing the efficiency of China's environmental regulation on carbon emissions based on Tapio decoupling models and GMM models[J]. Energy Reports ,2018(4):713-723.

② Liu J, Yang Q, Zhang Y et al. analysis of CO_2 emissions in China's manufacturing industry based on extended logarithmic mean division index decomposition[J]. Sustainability,2019(11):226.

③ Meng Z, Wang H, Wang B. Empirical analysis of carbon emission accounting and influencing factors of energy consumption in China[J]. International Journal of Environmental Research and Public Health,2018(15):2467.

④ Jiang X T, Su M, Li R. Decomposition analysis in electricity sector output from carbon emissions in China[J]. Sustainability,2018(9):3251.

⑤ Wang J, Hu M, Tukker A, Rodrigues J F D. The impact of regional convergence in energy-intensive industries on China's CO_2 emissions and emission goals[J]. Energy Economics,2019,80:512-523.

⑥ Tong X, Li X, Tong L et al. Spatial spillover and the influencing factors relating to provincial carbon emissions in China based on the spatial panel data model[J]. Sustainability,2018(12):4739.

⑦ Samuelson P A. Professor Samuelson on operationalism in economic theory: Comment[J]. The Quarterly Journal of Economics,1955(2):310-314;Musgrave R A. The theory of public finance: a study in public economy[M]. New York: Kogakusha Co. ,1959.

滋生损害公共产品和服务的相关政策。[①] 此外,根据委托—代理理论,Seabrigh 指出,本地政府比中央政府具有更大的信息优势,能有效利用这些信息增加居民的福利。[②] 然而,近年来,越来越多的研究表明,过去的去中心化理论过分强调财政分权的好处而忽视了财政分权的负面影响。

从目前的文献来看,关于财政分权的研究比较丰富,但关于财政分权能否在规范政府行为、提高公共产品投放效率等方面发挥作用,仍存在较大争议。已有研究中,从环境角度讨论财政分权影响的文献并不多,其中 Liu 等发现财政分权与雾霾污染之间存在非线性关系,且不同程度的财政分权对雾霾污染的影响是多方面的。[③] Zhang 使用 1995—2012 年中国 29 个省份的面板数据研究梳理了财政分权对碳排放的影响。[④] 总的来看,当前文献缺少从空间视角分析财政分权对碳减排的驱动效应的研究。针对研究空白,本章就财政分权对碳排放的溢出效应和财政分权对碳排放的异质性进行了探索性研究。

第二节 研究方法

一、数据来源

本章分析了中国 30 个省份 2003—2016 年的面板数据。所有数据均来自中国统计年鉴、EPS 数据库和 Wind 数据库。表 5-1 和表 5-2 列举了

---

① Bardhan P,Mookherjee D. Capture and governance at local and national levels[J]. American Economic Review,2000,90:135-139.

② Seabright P. Accountability and decentralisation in government:an incomplete contracts model[J]. European economic review,1996(1):61-89.

③ Liu L,Ding D,He J. Fiscal decentralization,economic growth,and haze pollution decoupling effects:a simple model and evidence from China[J]. Computational Economics 2017(4):1-19.

④ Zhang K,Zhang Z,Liang Q. An empirical analysis of the green paradox in China:from the perspective of fiscal decentralization[J]. Energy Policy 2017,103:203-211.

本部分研究模型用到的变量及其描述。在对变量建模之前也进行了单位根检验。表 5-3 显示，所有数据均通过了单位根检验，因此可以认为数据是平稳的。

二、变量描述和结果稳健性检查

我们根据联合国政府间气候变化专门委员会（IPCC）2006 年指导目录中的方法来计算碳排放量，具体公式为

$$C_{i,t} = \sum_{i=1}^{285} \left(E_{i,j,t} \times \text{NCV}_{i,j,t} \times \text{CEF}_{i,j,t} \times \text{COF}_{i,j,t} \times \frac{44}{12} \right) \quad (5\text{-}1)$$

式中，$C_{i,t}$ 是估计的碳排放量，i 代表各种化石燃料，即煤、天然气、焦炭、燃料油、汽油、煤油和柴油；E 是初级化石燃料的消耗量；NCV 是平均低热值；CEF 提供碳排放系数，COF 代表碳氧化因子。

财政分权是指中央赋予地方政府在债务安排、税收管理和预算执行方面一定的自主权。财政分权通常从财政收入分权、财政支出分权、财政分权与财政支出的比值三个方面来界定和衡量。本章将以各省财政支出占全国财政支出的比重作为财政支出分权指标，研究财政支出分权与碳排放的关系。环境规制是政府社会规制的重要组成部分，是为保护环境而实施的各种政策措施的总和。本章选取环境保护投资额占 GDP 的比重作为环境规制的衡量指标。此外，本章还研究了人均 GDP、人口规模、外商直接投资等因素对碳排放的影响，具体描述见表5-1。表 5-3 显示所有数据均通过了单位根（ADF）检验，因此可以认为数据是平衡的。

表 5-1 模型变量描述

符号	变量	定义	单位
C	全省总碳排放量	能源消耗	万吨
PGDP	人均国内生产总值	人均国内生产总值	万元
P	人口	年末人口数	百万/人
T	科技	科研经费占比	%
FDI	外商直接投资	外商直接投资额与 GDP	
FD1	财政收入分权	地方财政收入与中央财政收入的比值	
FD2	财政收入分权	地方财政支出与中央财政支出的比值	
ER	环境规制	环境保护投资额占 GDP 比重	%

表 5-2 模型变量描述性统计量

变量	观测量	均值	方差	最小值	最大值
C	420	7805.40	5830.31	420.89	29758.20
PGDP	420	2.38	1.53	0.35	8.55
P	420	4415.42	2654.74	534	10999
IS	420	14.64	17.34	0.47	84.25
FDI	420	2.70	2.11	0.039	10.74
FD	420	5.24	2.96	1.29	14.88
ER	420	1.34	0.67	0.30	4.24

表 5-3 模型 ADF 检验

变量	ADF 值	p	结论
C	119.925	0.000	稳健
PGDP	117.508	0.000	稳健
P	82.973	0.026	稳健
IS	97.406	0.000	稳健
FDI	103.538	0.000	稳健
FD	133.468	0.000	稳健
ER	156.31	0.000	稳健

注:所有变量均取对数。

三、模型构建

Ehrlich 等通过环境影响、人口规模、富裕程度和技术（IPAT）模型来衡量人类活动对环境的影响。[①]　其中，I 指环境影响，它与人口（P）、富裕度（A）和技术（T）三个主要变量有关。Dietz 和 Rosa 创建了包括人口、财富和技术的随机影响（STIRPAT）模型。[②]　公式如下

$$I = P \times A \times T \tag{5-2}$$

$$I_{i,t} = a_i P_{i,t}^b \times A_{i,t}^c \times T_{i,t}^d \times e_{i,t} \tag{5-3}$$

取对数形式后，变为

$$\ln I_{i,t} = \ln a_i + b \ln P_{i,t} + c \ln A_{i,t} + d \ln T_{i,t} + e_{i,t} \tag{5-4}$$

随后对模型进行 Hausman 检验和 Arellano-Bond 检验，以证明模型的可行性，通过 Hansen 检验用于检查模型的过度识别限制。具体模型如下，其中 u_i 为个体固定效应。

$$\ln I_{i,t} = \mu_i + \beta_1 \ln PGDP_{i,t} + \beta_2 \ln P_{i,t} + \beta_3 \ln FDI_{i,t} + \beta_4 \ln Tech_{i,t} + \beta_5 \ln ER_{i,t}$$
$$+ \beta_6 \ln FD_{i,t} + e_{i,t} \tag{5-5}$$

$$\Delta \ln I_{i,t} = \beta_1 \Delta \ln PGDP_{i,t} + \beta_2 \Delta \ln p_{i,t} + \beta_3 \Delta \ln FDI_{i,t} + \beta_4 \Delta \ln Tech_{i,t} + \beta_5 \Delta \ln ER_{i,t}$$
$$+ \beta_6 \Delta \ln FD_{i,t} + \Delta e_{i,t} \tag{5-6}$$

空间 Durbin 模型结合了空间滞后模型和空间误差模型，考虑因变量和变量之间的空间相关性自变量，我们用 Anselin 在 Burridge 的 LM-Error 检验[③]基础上提出的稳健 LM-Error 检验[④]来检验空间误差模型的

---

①　Ehrlich P R，Holdren J P. Impact of population growth：complacency concerning this component of man's predicament is unjustified and counterproductive[J]. Science，1971，171：1212-1217.

②　Dietz T，Rosa E A. Effects of population and affluence on CO_2 emissions[J]. Proceedings of the National Academy of Sciences，1997(1)：175-179.

③　Burridge R. The Gelfand-Levitan，the Marchenko，and the Gopinath-Sondhi integral equations of inverse scattering theory，regarded in the context of inverse impulse-response problems [J]. Wave Motion，1980 (4)：305-323.

④　Anselin L，Bera A K. Spatial dependence in linear regression models with an introduction to spatial econometrics[J]. Statistics Textbooks and Monographs，1998，155：237-290.

可行性,用 Bera 等在 Burridge 的 LM-Lag 检验[1]基础上提出的稳健 LM-Lag 检验[2]来检验空间滞后模型的可行性。如果两个测试都被拒绝,那么空间 Durbin 模型将有效且高效地工作。

$$Y = (I - \rho W)_{\alpha\tau n}^{-1} + (I - \rho W)^{-1}(X\beta + WX\theta) + (I - \rho W)^{-1}\varepsilon \tag{5-7}$$

Y_{k_th}解释变量的偏驱动为:

$$\left(\frac{\partial Y}{\partial X_{1k}} \quad \frac{\partial Y}{\partial X_{2k}} \quad \cdots \quad \frac{\partial Y}{\partial X_{nk}}\right) = \begin{pmatrix} \frac{\partial Y_1}{\partial X_{1k}} & \frac{\partial Y_1}{\partial X_{2k}} & \cdots & \frac{\partial Y_1}{\partial X_{nk}} \\ \frac{\partial Y_2}{\partial X_{1k}} & \frac{\partial Y_2}{\partial X_{2k}} & \cdots & \frac{\partial Y_2}{\partial X_{nk}} \\ \vdots & \vdots & \ddots & \vdots \\ \frac{\partial Y_n}{\partial X_{1k}} & \frac{\partial Y_n}{\partial X_{2k}} & \cdots & \frac{\partial Y_n}{\partial X_{nk}} \end{pmatrix} \tag{5-8}$$

$$\left(\frac{\partial Y}{\partial X_{1k}} \quad \frac{\partial Y}{\partial X_{2k}} \quad \cdots \quad \frac{\partial Y}{\partial X_{nk}}\right) = (I - \rho W)^{-1} \begin{pmatrix} \beta_k & \omega_{12}\theta_k & \cdots & \omega_{1n}\theta_k \\ \omega_{21}\theta_k & \beta_k & \cdots & \omega_{2n}\theta_k \\ \vdots & \vdots & \ddots & \vdots \\ \omega_{n1}\theta_k & \omega_{n2}\theta_k & \cdots & \beta_k \end{pmatrix} \tag{5-9}$$

第 k 个解释变量的直接影响等于右矩阵主对角线上元素的平均值;间接效应,也称为第 k 个解释变量的溢出效应,是除右矩阵中主对角线元素外的所有元素值的平均值。

$$\text{Spillovers} = \frac{1}{n^2}\sum_{i=1}^{n}\sum_{j=1}^{n} w_{i,j} r_k \tag{5-10}$$

Bassett 等[3]提出的分位数回归,给出了解释变量对不同分位数中因变量的影响的全貌。Koenker 首先使用固定效应面板分位数回归模型并

① Burridge R. The Gelfand-Levitan, the Marchenko, and the Gopinath-Sondhi integral equations of inverse scattering theory, regarded in the context of inverse impulse-response problems [J]. Wave Motion,1980(4):305-323.

② Bera A K, McAleer M, Pesaran M H et al. Joint tests of non-nested models and general error specifications[J]. Econometric Reviews,1992,11(1):97-117.

③ Koenker R, Bassett Jr G. Regression quantiles [J]. Econometrica: Journal of the Econometric Society,1978(1):33-50.

添加惩罚项以获得分位数回归的系数。[1]

$$Q_{y_{i,t}}(\tau_k x_{i,t}) = x_{i,t}^T \beta(\tau_k) + \alpha_i + \varepsilon_{i,t}$$

$$(i = 1, 2 \cdots, N, t = 1, 2 \cdots, T) \tag{5-11}$$

式中，$Q_{yit}(l_k, x_{i,t})$ 显示解释变量的第 l_k 个分位数；$x_{i,t}$ 表示解释变量的矩阵。l_i 表示个体固定效应。l_k 是分位数。$\beta(l_k)$ 是第 l_k 个分位数的回归系数，具体公式为

$$\hat{B}(\tau_k, \lambda), \{\alpha_i(\lambda)\}_i^n = 1 = \arg\min_{(\alpha, \beta)} \sum_{k=1}^{K} \sum_{t=1}^{T} \sum_{i=1}^{N} \omega_k \rho_{\tau_i}[y_{i,t} - \alpha_i - X_{i,t}^T \beta(\tau_k)]$$

$$+ \lambda \sum_{i}^{N} |\alpha_i| \, (i = 1, 2, \cdots, N, t = 1, 2, \cdots, T) \tag{5-12}$$

式中，τ 是分位数，$\rho_\tau(u) = u(\tau - I(u < 0))$ 是检验函数；$I(u < 0) = \begin{cases} 1 & u < 0 \\ 0 & u \geqslant 0 \end{cases}$ 是指标函数；ω_k 是第 k 个分位数的权重；$\omega_k = 1/k$；$\lambda(\lambda = 1)$ 是用于惩罚固定效应 α_i 的调整参数。

四、全局相关性

莫兰指数 (I) 是对空间分布模式的统计测试，例如空间集聚、空间发散和空间随机性。该方法基于特定位置的观测变量测算所有相邻观测单元的空间加权平均值之间的相关系数。[2] Cliff 首先使用莫兰指数来检验整个研究区域的邻域是空间正相关、负相关或独立。[3] N 是整个区域的总观测数，x_i 和 x_i 是区域 i 和区域 j 的属性。全局莫兰指数的取值范围在 -1 至 1 之间。正值代表正相关，意味着具有相似特征的值会聚集在一起；负值代表负相关，意味着具有不同特征的值会聚集在一起。具体计算公式为

---

[1]　Koenker R. Quantile regression for longitudinal data[J]. Journal of Multivariate Analysis, 2004(1):74-89.

[2]　Moran P A P. The interpretation of statistical maps[J]. Journal of the Royal Statistical Society. Series B (Methodological), 1948(2):243-251.

[3]　Cliff N. Scaling[J]. Annual Review of Psychology, 1973(1):473-506.

$$I = \frac{\sum\limits_{i=1}^{n} \sum\limits_{j=1}^{n} W_{i,j}(x_i - \bar{x})(x_j - \bar{x})}{S^2 \sum\limits_{i=1}^{n} \sum\limits_{j=1}^{n} W_{i,j}}$$

(5-13)

式中,S^2 是样本方差。而 $W_{i,j}$ 是权重矩阵中的元素。本章将使用三种不同形式的矩阵来计算全局莫兰指数。一是使用地理邻近矩阵,即如果两个省份相互靠近,则矩阵的元素为 1,否则,元素为 0。矩阵定义为 W_1。二是用两个省会城市之间距离倒数的平方作为两省之间的空间权重,定义为 W_2。三是用人均 GDP 差异平方的倒数作为各省之间的空间权重,定义为 W_3。矩阵 W_1 和 W_2 基于地理位置的角度,而 W_3 基于经济发展的视角。我们使用全局莫兰指数来检测空间自相关性。2003—2016 年数据检测结果见表 5-4。

表 5-4　莫兰指数检验结果

年份	W_1		W_2		W_3	
	统计量	p 值	统计量	p 值	统计量	p 值
2003	0.210	0.033	0.249	0.003	0.220	0.023
2004	0.253	0.014	0.252	0.003	0.273	0.007
2005	0.292	0.005	0.247	0.003	0.321	0.002
2006	0.286	0.006	0.242	0.004	0.312	0.002
2007	0.289	0.006	0.235	0.005	0.314	0.002
2008	0.297	0.005	0.231	0.006	0.304	0.003
2009	0.280	0.007	0.228	0.007	0.298	0.004
2010	0.289	0.006	0.226	0.007	0.299	0.003
2011	0.280	0.008	0.221	0.008	0.272	0.008
2012	0.262	0.011	0.218	0.009	0.253	0.012
2013	0.250	0.016	0.231	0.006	0.239	0.017
2014	0.246	0.017	0.227	0.007	0.228	0.022
2015	0.249	0.015	0.224	0.007	0.242	0.015
2016	0.235	0.020	0.210	0.011	0.258	0.010

　　表 5-4 显示,中国省际碳排放在 5% 的显著性水平上具有正空间依赖性。这表明中国不同省份的碳排放是相关的。此外,与地理位置相近的省份相比,经济发展水平相近的省份往往具有更高的空间相关性。表 5-5 显示 LM 滞后检验和 LM 误差检验均具有统计显著性,证明了采用 Durbin 模型研究碳排放空间效应的可行性。并且为了保障可靠性,本章采用 Hausman 检验来确定是选择固定效应模型还是选择随机效应模型。每个模型的测试统计中,p 值都接近于 0,因此可以拒绝随机效应模型与数据匹配的原假设。因此,本章选择固定效应 Durbin 模型。

表 5-5　LM 检验结果

变量	W_1		W_2		W_3	
	统计量	p 值	统计量	p 值	p 值	p 值
LM-Lag	22.975	0.000	232.967	0.000	232.967	0.000
LM-Error (Robust)	2.168	0.000	78.830	0.000	78.830	0.000
LM-Error	449.547	0.000	519.578	0.000	519.578	0.000
LM-Lag (Robust)	428.741	0.000	365.441	0.000	365.441	0.000

第三节　结果分析

一、空间溢出效应结果分析

　　本章基于中国 30 个省份的面板数据,对 STIRPAT 模型进行扩展,采用普通最小二乘法、微分 GMM、Sys-GMM 模型和空间 Durbin 模型估计影响碳排放的因素,结果见表 5-6。

表 5-6　回归结果

变量	固定效应	Sys-GMM 模型	Diff-GMM 模型	固定效应	Sys-GMM 模型	Diff-GMM 模型
FD1	0.716*** (−14.39)	0.686*** (−8.29)	0.654*** (−7.22)			
FD2				0.952*** (−11.29)	0.886*** (−6.09)	0.702*** (−3.27)
ER	0.007 (−1.27)	0.01* (−1.89)	0.026 (1.11)	0.019** (2.26)	0.021* (1.94)	0.016 (0.42)
PGDP	0.01 (0.43)	−0.018 (−1.3)	−0.242 (−2.41)	0.004 (0.12)	0.069** (1.99)	−0.21 (−2.44)
Tech	−0.002 (−0.18)	−0.003 (−0.23)	0.019 (0.37)	−0.005 (−0.28)	−0.045 (−1.89)	−0.016 (−0.22)
FDI	−0.058** (−2.24)	−0.089* (−1.87)	−0.249** (−2.56)	−0.091** (−2.31)	−0.038 (−0.76)	−0.416*** (−3.28)
Industry	0.198* (1.82)	0.326** (2.25)	1.13*** (3.48)	0.467** (2.23)	0.617*** (2.92)	1.499*** (4.15)
P	0.5 (1.26)	0.634 (0.91)	0.959 (6.98)	1.697*** (2.91)	2.807** (2.22)	0.8*** (5.35)
Hausman	0.001			0		
AR(1)		0.022	0.07		0.041	0.036
AR(2)		0.699	0.48		0.14	0.338
Hansen		0.818	0.995		0.935	0.995

注:括号内为 t 统计量,*、**、***分别表示在10%、5%、1%的水平上显著。

(一)外商直接投资

FDI 的系数显著为负,即 FDI 增加将导致碳排放量减少。这表明 FDI 发挥了抑制碳排放的积极作用,证实了"污染光环假说"的存在。长期以来,FDI 对环境的影响在学界一直存在争议。[①] "污染光环假说"和"污染天堂假说"是两个核心假说。"污染天堂假说"最早是由 Copela 等

① Zhang J, Jiang H, Liu G et al. A study on the contribution of industrial restructuring to reduction of carbon emissions in China during the five Five-Year Plan periods[J]. Journal of Cleaner Production,2018,176:629-635.

基于南北贸易模型提出的。[①] 从环境规制的角度来看,与发展中国家宽松的环境管理标准相比,发达国家的环境规制体系更为细化,外商直接投资容易导致污染密集型产业从发达国家向发展中国家转移,即"污染天堂效应"。跨国公司在发达国家面临严格的环保标准,所以它们会在生产过程中采用相对环保的技术,更加注重环保。跨国公司在对外投资的过程中,不仅带去了资金,还带去了发达国家先进的清洁技术和更严格的环保生产标准。先进的技术使一些本土企业提高了产能,降低了能源消耗。此外,在外资企业的竞争压力下,本土企业将加大对清洁技术的研发投入。因此,从这一角度来看,引进外资将带来积极的技术和环境外部性,从而减少碳排放总量。本章的实证结果表明,中国已经意识到外商直接投资对环境的重要影响,并从环境保护的角度加强了对外商直接投资中国的审查和监管。这也表明我国企业的环保意识有所提高,环保技术得到大力发展。

表 5-7　空间计量模型结果

变量	W_1	W_2	W_3	W_1	W_2	W_3
FD1	0.640*** (5.43)	0.525*** (4.51)	0.295*** (2.76)			
FD2			0.620*** (10.79)	0.552*** (3.90)	0.317** (2.23)	
PGDP	0.016 (0.98)	0.016 (0.89)	-0.008 (-0.45)	0.010 (0.55)	0.014 (0.65)	-0.000 (-0.02)
ER	-0.008 (-1.30)	-0.006 (-0.94)	0.007 (1.62)	-0.010 (-1.34)	-0.008 (-1.01)	0.004 (0.87)

[①] Copeland B R, Taylor M S. North-South trade and the environment[J]. The Quarterly Journal of Economics, 1994(3):755-787. Antweiler W, Copeland B R, Taylor M S. Is free trade good for the environment? [J]. American Economic Review, 2001(4):877-908.

续表

变量	W_1	W_2	W_3	W_1	W_2	W_3
Tech	0.003	−0.004	0.002	0.005	−0.004	−0.001
	(0.35)	(−0.45)	(0.18)	(0.61)	(−0.37)	(−0.02)
FDI	−0.061***	−0.080***	−0.022	−0.049***	−0.061**	−0.027
	(−2.83)	(−3.08)	(−0.90)	(−2.78)	(−2.29)	(−1.24)
Industry	0.030	0.128	0.237**	0.133	0.140	0.216**
	(0.23)	(1.02)	(2.05)	(1.19)	(1.13)	(1.98)
P	0.348	−0.041	−0.359	0.457	0.223	−0.294
	(0.90)	(−0.07)	(−0.69)	(1.62)	(0.39)	(−0.54)
$W*FD1$	−0.239*	−0.161	0.123			
	(−1.70)	(−1.30)	(0.80)			
				−0.158*	−0.046	0.197*
				(−1.86)	(−0.41)	(1.93)
$W*PGD$	−0.005	0.003	−0.004	−0.009	−0.024	0.004
	(−0.17)	(0.07)	(−0.13)	(−0.31)	(−0.69)	(0.13)
$W*ER$	0.039***	0.029**	0.018	0.038***	0.029**	0.017**
	(3.51)	(2.55)	(1.64)	(4.05)	(2.30)	(2.02)
$W*Tech$	0.022	0.002	−0.016	0.022	0.005	−0.013
	(1.15)	(0.10)	(−0.64)	(1.26)	(0.27)	(−0.55)
$W*FDI$	−0.125	0.010	−0.030	−0.155**	0.009	−0.053
	(−1.46)	(0.15)	(−0.72)	(−2.09)	(0.17)	(−1.40)
$W*Industry$	0.491***	0.311**	0.224	0.148	0.085	0.112
	(2.78)	(2.03)	(1.13)	(0.82)	(0.49)	(0.73)
$W*P$	0.000	1.061	1.794***	−0.846	0.120	1.113
	(0.00)	(1.31)	(3.81)	(−1.36)	(0.11)	(1.47)
Rho	0.622***	0.655***	0.536***	0.372***	0.322***	0.223*
	(10.92)	(11.11)	(5.96)	(5.36)	(4.76)	(1.92)
Hausman	0.000	0.000	0.000	0.000	0.000	0.000

注:括号内为 t 统计量,*、**、***分别表示在 10%、5%、1%的水平上显著。

（二）环境规制

该模型表明，环境规制对碳排放具有正向作用，证明了"绿色悖论"。由 Sinn 扩展的绿色悖论指出，不完善的环境政策设计可能导致碳排放增加。[1] 在环境政策即将颁布和实施期间，经济主体可能根据所处的情况，加大对化石能源的消费以避免未来损失。

（三）财政分权

在普通最小二乘法、微分 GMM 和 Sys-GMM 模型中，财政支出分权系数（FD2）和财政收入分权系数（FD1）在统计上均为正，这意味着随着财政分权强度的增加，碳排放量也在增加。财政分权很可能引发地方保护主义。首先，财政分权使地方政府拥有更多的资源控制权，例如土地租赁，容易导致资源过度开采。资源的频繁不合理使用会导致绿色植被急剧减少，以及化石能源的无节制浪费，最终导致二氧化碳排放过多。其次，财政分权赋予了地方政府制度安排的权力，这使得地方保护成为可能。地方政府为了自身的经济和政治利益，采取强制措施或贸易壁垒将外国清洁能源排除在外。禁止清洁技术、产品的传播和进入。此外，一些地方政府甚至大力扶持当地重污染、高耗能企业，无疑会加剧碳的过度排放。

（四）产业结构、技术水平和人口因素

本章还研究了人均 GDP、产业结构、技术水平和人口。首先，人均 GDP 的系数在 Sys-GMM 模型中显著为正，表明碳排放量随着人均 GDP 的增加而增加。经济发展离不开能源消耗。随着经济的飞速发展，化石能源消耗量和碳排放量都将不断增加。人口的系数在 Sys-GMM 模型中也显著为正，表明碳排放量因人口增加而显著增加，而技术水平这个变量的系数则在统计上显著为负。研发投入的增加将促进清洁技术的发展，这将提高能源使用效率并减少二氧化碳排放总量。产业结构变量在所有模型中都显著为正。随着工业化程度的加深，碳排放量也随之增加。高

---

[1]　Sinn H W. Public policies against global warming：a supply side approach[J]. International Tax and Public Finance，2008(4)：360-394.

耗能的粗放型发展模式,在我国工业化过程中曾占据重要地位。同时,工业化进程也使得城市基础设施不断完善,带来了更多的能源消耗需求。

考虑到空间权重,所有经济因素几乎都得到与基准模型相同的结果。这里主要分析政府间财政竞争视角下的直接效应和溢出效应。如表5-8所示,以财政收入作为财政分权水平的衡量指标时,财政分权的空间溢出效应(W_1、W_2和W_3)均在1%的水平上显著为正。这与W_2和W_3空间权重矩阵中的财政支出系数方向相同,意味着一个地区财政分权水平的提高将大大促进地理相邻地区和经济相邻地区的碳排放。可以把政府竞争视为一种财政分权机制来解释这一结果。在财政分权机制下,地方政府拥有更多的财政自主权,成为相对独立的利益集团。假设地方政府是理性人,地方政府及其官员为追求自身利益的最大化,可能导致政府间财政竞争的出现。而且,地理位置相近、经济发展水平相近的省份,竞争动机也比较多,易出现"公地悲剧"现象。

表5-8 财政分权的空间溢出效应

变量		W_1	W_2	W_3	W_1	W_2	W_3
Direct	FD1	0.676*** (5.81)	0.562*** (4.48)	0.344*** (2.90)			
	FD2				0.629*** (11.13)	0.566*** (3.96)	0.337** (2.44)
Indirect	FD1	0.373* (1.73)	0.508** (2.10)	0.538** (2.12)			
	FD2				0.105 (1.24)	0.183** (2.10)	0.318*** (2.83)
Total	FD1	1.049*** (4.61)	1.070*** (3.37)	0.882*** (2.64)			
	FD2				0.734*** (9.28)	0.749*** (6.65)	0.655*** (6.66)

注:括号内为t统计量,*、**、***分别表示在10%、5%、1%的水平上显著。

首先,财政竞争会通过区域产业过度趋同和跨区域产业结构重复建设导致碳排放增加。[①] 地方政府间的竞争激发了地方政府扩大投资的冲动,往往未做区域比较优势研究,就盲目支持和鼓励区域产业过度进入同行业或从事国家重点项目提升地方竞争力。低水平投资活动使用财政资金导致区域产业过度趋同,主要体现在产业和基础设施的重复建设上。地方政府将在同类基础设施上投入大量资金。虽然重复建设有利于当地经济的发展,短期内可增加地方财政收入,但长此以往,将导致资源严重浪费、碳排放不合理增长,最终导致产能过剩和结构性矛盾。

其次,财政竞争会扭曲地方政府的财政支出结构,从而增加碳排放。地方政府财政支出一般包括资本性支出和涉及民生的服务性支出。资本性支出主要用于大型项目和公共工程等基础设施建设。服务性支出主要投向科教文卫等民生领域。基础设施建设可以在较短的时间内反映地方政府的绩效,但科教文卫等服务性支出不仅可以长期促进经济增长,而且可以对社会公平和民众生活起到积极的促进作用。在基于经济增长的官员绩效考核体系下,地方政府很可能将过多的资金用于生产性投资,而不重视地方公共产品的提供,甚至忽视对环境治理的投资。此外,环境是一种具有明显外部性的纯公共产品,由于碳排放外溢责任、碳排放治理和支出责任不明确,地方政府往往会采取"搭便车"策略,最终陷入"囚徒困境"。

二、空间异质效应结果分析

(一)财政分权

根据面板分位数回归结果(见表 5-9),回归系数在统计上为正,表明财政分权对碳排放具有正向影响。而且,随着碳排放分位数的增加,财政分权系数不断下降。财政分权下,基于 GDP 发展的考核体系导致地方政府行为、政策的扭曲,增加了碳排放。具体的行动方式可以分为地方政府竞争和地方保护主义两个维度。

---

① Van der Ploeg F, Withagen C. Is there really a Green Paradox? [J]. Journal of Environmental Economics and Management,2012(3):342-363.

表 5-9　面板分位数回归结果

变量	OLS	0.1	0.2	0.3	0.4	0.5	0.6	0.7	0.8
FD	0.333***	0.486*	0.439**	0.403***	0.371***	0.339***	0.312***	0.293***	0.278***
	(3.08)	(1.91)	(2.26)	(2.68)	(3.26)	(4.03)	(4.45)	(4.17)	(3.62)
ER	−0.293***	−0.332	−0.334*	−0.335**	−0.336***	−0.337***	−0.338***	−0.339***	−0.339***
	(−2.83)	(−1.26)	(−1.66)	(−2.15)	(−2.86)	(−3.88)	(−4.67)	(−4.65)	(−4.26)
FD * ER	0.211***	0.207	0.215*	0.221**	0.226***	0.231***	0.236***	0.239***	0.241***
	(2.60)	(1.35)	(1.84)	(2.44)	(3.31)	(4.58)	(5.60)	(5.64)	(5.21)
PGDP	0.300***	0.245	0.271	0.290**	0.308***	0.325***	0.340***	0.350***	0.359***
	(3.27)	(1.14)	(1.64)	(2.28)	(3.20)	(4.58)	(5.74)	(5.88)	(5.50)
FDI	−0.043**	−0.059	−0.053	−0.048	−0.044*	−0.040**	−0.037**	−0.034**	−0.033*
	(−1.98)	(−1.06)	(−1.25)	(−1.48)	(−1.79)	(−2.20)	(−2.41)	(−2.25)	(−1.94)
P	0.704***	0.157	0.175	0.190	0.203	0.215	0.226	0.234	0.240
	(4.43)	(0.25)	(0.37)	(0.52)	(0.74)	(1.06)	(1.34)	(1.37)	(1.29)
IS	0.412***	0.459*	0.405*	0.365**	0.328***	0.292***	0.261***	0.240***	0.223***
	(2.84)	(1.68)	(1.94)	(2.26)	(2.68)	(3.23)	(3.46)	(3.17)	(2.69)

注:括号内为 t 统计量,*、**、***分别表示在 10%、5%、1%的水平上显著。

一方面,财政分权容易引发地方政府竞争,造成资源过度开发,导致公共基础设施投入过高,甚至过度投资,从而提高碳排放水平。具体而言,财政分权使地方政府拥有更多的资源控制权,例如土地租赁。政府在未研究区域比较优势的情况下,就支持和鼓励区域产业盲目进入同一产业或参与国家重点项目,以提高当地的竞争力,这被称为"标杆竞争"。

另一方面,财政分权也助长了地方保护主义和市场分割。财政分权赋予地方政府制度安排的权力,这使得地方保护和市场分割变得容易。从地方保护主义与环境污染的关系来看,地方政府保护的对象主要是放权下税基大、竞争力弱的传统制造企业,但它们也是高耗能、高污染的企业。因此,地方保护主义和市场分割可能会进一步加剧环境污染。同时,地方保护主义可能会限制劳动力、资本等资源的自由流动,造成资源配置不当,不利于产业结构和技术升级,大大降低资源利用效率,促进碳排放。

(二)环境规制

模型显示,环境规制对碳排放具有负向作用。这一实证结果有效地支持了"强制减排"观点,即环境规则增加,碳排放将减少,从而减少污染。一方面,环境规制能够有效降低能源消耗。政府对化石能源的生产者和使用者征收碳税、能源税等,增加了他们的生产成本和环境成本,从而抑制了他们的能源需求。另一方面,环境规制可以优化能源消费结构。通过排放标准、罚款、监管等管控措施,政府可以鼓励部分企业引进先进的生产技术,同时引导企业进行低碳技术改造。此外,针对那些高污染企业,政府可采用各种行政措施,鼓励这些企业搬迁或关闭。这些措施有效减少了高碳能源的使用,优化了能源消费结构,有助于顺利完成减排目标。此外,环境规制系数不断增加。假设中国在全球范围内承担更多的碳减排义务,中央政府将碳减排负担转移给地方政府,并敦促地方政府采取行动减少碳排放,并将绿色发展纳入绩效评估。因此,在碳排放较大的地区,地方政府将承受更大的减排压力,意味着当地将实施更严格、更全面的环境规制来减少碳排放。

(三)财政分权与环境规制的相互作用

如表 5-6 所示,在财政分权的影响下,环境规制对碳排放具有显著的正向影响。从作用机制上看,中国的环境问题不仅是技术和资金问题,也是分权体制下的激励扭曲和约束不足问题。首先,财政分权体制导致地方政府在竞争过程中忽视了环境这一公共产品。在基于经济增长的官员绩效考核体系下,地方政府很可能将资金过多地用于生产性投资,而忽视地方公共产品的提供,甚至忽视对环境治理的投资。大量生产和建设性投资导致碳排放增加。此外,环境是具有明显外部性的纯公共产品。由于碳排放外溢、碳排放治理和支出责任不明确,地方政府往往采取"搭便车"策略,最终陷入"囚徒困境",导致碳排放不断上升。此外,财政分权水平和环境规制强度交互项的系数随着碳排放分位数的增加而正增加。人们认为,财政分权和环境规制对碳排放的混合后果不是减少碳排放,而是促进,根据"绿色悖论",碳排放水平越高,反作用力越大。

(四)外商直接投资、产业结构与 PGDP

第一,FDI 的系数显著为负,即 FDI 的增加将导致碳排放的减少,表明 FDI 通过技术溢出在抑制碳排放方面发挥了积极作用。跨国公司在本国面临着严格的环保生产标准,因此在生产过程中更可能采用相对环保的技术,更加重视环境保护。跨国公司在对外投资的过程中,不仅带去了资金,还带去了发达国家先进的清洁技术和更严格的环保生产标准。先进的技术使一些当地企业提高了产能,降低了能源消耗。此外,在外资企业的竞争压力下,本土企业将加大对清洁技术的研发投入。因此,引进外资将带来积极的技术和环境外部性,从而减少碳排放总量。

第二,产业结构的系数显著为正,即随着工业化水平的提高,碳排放量也随之增加。高耗能、高排放的粗放型发展模式,在相当长的时期内一直在经济发展中占据重要地位。工业化进程使得城市基础设施不断完善,同时也带来了更多的能源消耗需求。随着碳排放分位数的增加,产业结构系数呈下降趋势。工业是产生碳排放的主要部门之一,在碳排放量较高的地方,工业产业的地位往往比较突出。当前,这些产业被要求向环保产业转型升级,因此产业结构对碳排放的影响正在减弱。

第三,PGDP 对碳排放具有显著的负向影响,即经济发展对碳减排的作用显著。这表明,随着我国经济发展方式的转变和绿色经济战略的实施,高耗能、高污染的产业发展模式不会成为经济发展的主要动力。相反,经济发展加大了各个地区的环保技术研发投资,促进了环保技术的发展,减少了碳排放。此外,随着碳排放分位数的增加,PGDP 的系数也在增加。经济发展始终未能与碳排放脱钩。在碳排放量大的地方,产业结构往往相对落后,高能耗、高污染产业是支柱产业。企业带来的经济成就越多,碳排放就越多,PGDP 对碳排放的负面影响逐渐减弱。

第四节　本章小结

一、结论

本章采用传统的 STIRPAT 模型、传统面板模型和面板分位数回归模型,对 2003—2016 年中国碳排放的经济影响因素进行了分析,得出以下结论:首先,财政分权对碳排放有积极作用,环境规制将减少碳排放,而财政分权和环境规制之间的相互作用会促进碳排放。PGDP 和产业结构对碳排放有积极影响,而外商直接投资有利于减少碳排放。其次,本章运用面板分位数回归模型来确定财政分权和环境规制对不同分位数碳排放的影响。随着碳排放分位数的增加,财政分权对碳排放的影响不断减弱,而环境规制的影响则越来越大。

二、政策影响

(一)建立地方政府绿色考核机制,与碳排放挂钩

在当前地方政府的政绩考核中,经济发展水平仍然是评价政府政绩最重要的指标之一。同时,基于"干部轮换"制度,地方政府官员更愿意投资于基础设施项目而不是民生支出。碳减排等一些政府义务领域由于投资回收期长、考核体系不完善,评价标准不明确,得不到重视甚至被忽视。虽然中央政府已将环境保护纳入绩效考核体系,但碳减排的比例太小,地方政府没有充分意识到减排的重要性,也缺乏长期应对措施。因此,中央政府应建立健全绿色发展考核体系,将碳减排作为刚性约束。此外,中央政府应向地方政府强化环保"一票否决"的地位,延长官方碳减排绩效考核区间,避免临时性碳减排措施,杜绝短期和"流氓"行为。

(二)建设环保部门集中系统

建议中央政府负责管理地方环保部门,特别是负责碳减排管理的部门。一方面,碳减排治理具有很强的外部性,投入大但效果不明显。因此,一些地方政府倾向于通过"搭便车"策略将治污责任转嫁给周边政府或中央政府。另一方面,地方环保部门在减少碳排放方面力度不够。地方环保部门管理体制薄弱,职能界限不清,与政府部门出现利益冲突时只能退让。因此,建设环保部门集中系统可以有效地落实碳减排工作,避免各种趋利避害现象。

（三）鼓励地方政府进行合理的财税调整

从财政支出和财政税收两方面推进碳减排政策。财税政策的倾斜将转变传统的经济发展方式，调整产业结构，进而引导微观个体行为。首先，地方政府要充分发挥财政支出政策的乘数效应，引进高科技清洁生产技术。通过优化财政支出，提升传统产业。政府应支持低碳节能环保产业，制定财政优惠政策，加大科研投入，加强环保技术的开发和推广。其次，地方政府要积极发挥税收政策的替代效应，对高碳排放企业征收更高的税额，对全面实施碳减排的企业给予一定的税收减免，要执行严格的碳减排标准。

第六章　区域碳排放效率的异质效应研究

能源效率越来越受到国内外专家学者的广泛关注。对此,本章采用主成分分析法将碳排放和工业废物合称为环境污染指数,采用三阶段DEA模型评估中国 30 个省份 2004—2016 年的碳排放效率,并将剔除环境变量和随机因素的效率值与调整前效率值进行比较。在分析影响因素时发现,第二产业比重增加将促进能源效率降低、外商直接投资增加、贸易开放度和财政分权水平提高。本章采用自然断点法将我国调整后的能源效率分为高、中、低三个组别,发现各省能源效率存在明显差距,且差距在逐渐扩大。

第一节　引言

能源问题是关乎人类发展、气候变化和环境污染的全球性战略挑战。[1] 当前中国经济发展进入全新时代,产业结构优化明显加快,能源消费增速放缓,高耗能、高排放的粗放型发展模式将逐步退出历史舞台。然而,随着工业化、城镇化进程的加快和消费结构的不断升级,中国能源需求仍将保持刚性增长,资源环境问题仍是制约中国经济社会发展的瓶颈。[2] 随着能源问题的日益突出,对能源环境进行计量研究对我国的经

---

[1]　Jin T, Kim J. A comparative study of energy and carbon efficiency for emerging countries using panel stochastic frontier analysis[J]. Scientific Reports,2019(1):1-8.

[2]　Patterson M G. What is energy efficiency? concepts, indicators and methodological issues [J]. Energy Policy,1996(5):377-390.

济社会发展具有重要意义。能源效率被定义为以更少的能源成本生产相同数量的商品的能力①,而 Bosseboeuf 等②将生活质量加入产出的范畴。近年来,大多数研究人员从参数和非参数的角度对能源效率的测量方法进行了系统而全面的研究,其中随机前沿函数(SFA)③是最典型的参数化方法之一。SFA 将实际样本与前沿之间的差距分为随机误差和技术低效两部分,采用计量经济学模型进行估计,被广泛应用于能源效率的衡量。④ 然而,应用 SFA 时必须假设效率前沿的函数形式,这会导致估计误差的增加。数据包络分析(DEA)方法是最常用的非参数方法之一,用于衡量决策单元(DMU)之间的相对效率。DEA 方法无须预先估计参数,避免了潜在的主观影响,减少了估计误差。DEA 方法适用于处理多投入多产出的生产关系,大量的文献使用 DEA 方法来讨论能源效率的测量方法⑤和应用⑥。此外,也有大量研究定性和定量地寻找能源效率的经济

① Bosseboeuf D, Chateau B, Lapillonne B. Cross-country comparison on energy efficiency indicators: the on-going European effort towards a common methodology[J]. Energy Policy,1997(7-9):673-682.

② Aigner D, Lovell C A K, Schmidt P. Formulation and estimation of stochastic frontier production function models[J]. Journal of Econometrics,1977(1):21-37.

③ Meeusen W, van Den Broeck J. Efficiency estimation from Cobb-Douglas production functions with composed error[J]. International Economic Review,1977(2):435-444;Honma S, Hu J L. A panel data parametric frontier technique for measuring total-factor energy efficiency: an application to Japanese regions[J]. Energy,2014,78:732-739.

④ Li J, Lin B. Ecological total-factor energy efficiency of China's heavy and light industries: which performs better?[J]. Renewable and Sustainable Energy Reviews,2017,72:83-94;Charnes A, Cooper W W, Rhodes E. Measuring the efficiency of decision-making units[J]. European Journal of Operational Research,1978(6):429-444.

⑤ Zhai D, Shang J, Yang F et al. Measuring energy supply chains' efficiency with emission trading:a two-stage frontier-shift data envelopment analysis[J]. Journal of Cleaner Production,2019, 210:1462-1474;Yang Z, Wei X. The measurement and influences of China's urban total factor energy efficiency under environmental pollution: based on the game cross-efficiency DEA[J]. Journal of Cleaner Production,2019,209:439-450.

⑥ Yeh J R, Shieh J S, Huang N E. Complementary ensemble empirical mode decomposition: a novel noise enhanced data analysis method[J]. Advances in Adaptive Data Analysis,2010(2):135-156. Lin B, Zhang G. Energy efficiency of Chinese service sector and its regional differences[J]. Journal of Cleaner Production,2017,168:614-625;Li N, Jiang Y, Yu Z et al. Analysis of agriculture total-factor energy efficiency in China based on DEA and Malmquist indices[J]. Energy Procedia, 2017,142:2397-2402;Wang J M, Shi Y F, Zhang J. Energy efficiency and influencing factors analysis on Beijing industrial sectors[J]. Journal of Cleaner Production,2017,167:653-664.

驱动力。[①]

　　尽管许多学者对能源效率及其影响因素进行了讨论,但仍有一些领域被忽视。SBM 模型虽然解决了传统 DEA 方法中的径向问题,并考虑到了不良输出,但没有考虑环境和随机因素的影响。为了解决这个问题,Fried 等提出了一种三阶段 DEA 方法,剔除了外部环境和随机误差对效率的影响,计算出的效率可真实地反映 DMU 的管理水平。[②] 基于该方法,本章主要做了以下工作:一是利用主成分分析法合成了污染指数,二是使用改进的三阶段 DEA 模型来度量能源效率并进行了结果比较,三是使用测量值讨论了影响能源效率的经济因素。此外,本章还讨论了能源效率的时空演变和区域差异。

第二节　研究方法

一、SBM 模型

　　CCR 模型假定规模报酬不变,用以评价投入产出的综合技术效率。BCC 模型则假定规模报酬可变,将 CCR 模型的综合技术效率分解为规模效率和纯技术效率,注重于测算纯技术效率,即技术效率与规模效率的比值。但在使用传统的 DEA 模型评价决策单元的效率时,存在多个决策单元同时处于生产前沿面而导致多个决策单元同时失效的情况,模型

---

① Zheng Q, Lin B. Impact of industrial agglomeration on energy efficiency in China's paper industry[J]. Journal of Cleaner Production,2018,184:1072-1080. Ouyang X, Mao X, Sun C et al. Industrial energy efficiency and driving forces behind efficiency improvement: evidence from the Pearl River Delta urban agglomeration in China[J]. Journal of Cleaner Production, 2019, 220:899-909. Xiong S, Ma X, Ji J. The impact of industrial structure efficiency on provincial industrial energy efficiency in China[J]. Journal of Cleaner Production,2019,215:952-962.

② Fried H O, Lovell C A K, Schmidt S S et al. Accounting for environmental effects and statistical noise in data envelopment analysis[J]. Journal of Productivity Analysis,2002(1):157-174.

将无法对有效决策单元的效率高低做出进一步的判断和比较。超效率
DEA 模型在评价某个决策单元效率时,用其他所有决策单元投入和产出
的线性组合来代替单元的投入和产出,将该决策单元排除在外,很好地解
决了这一问题。此外,传统 DEA 模型主要基于径向测量方法,效率的提
高可以通过增加或是减少投入和产出来实现,但要求投入或产出变量的
单位一致。为了解决这个问题,Tone 提出了基于松弛变量的模型(SBM),
解决了在投入或产出变量单位不一致的情况下效率评价问题,即具有单位
不变性。[①] 对比传统的 DEA 模型,SBM 模型引入了松弛变量。[②]

$$
\min EE = \frac{1 - \dfrac{1}{m}\sum_{i=1}^{m}\dfrac{S_i^-}{x_{i,k}}}{1 + \dfrac{1}{q_1+q_2}\left(\sum_{r=1}^{q_1}\dfrac{S_r^+}{y_{r,k}} + \sum_{t=1}^{q_2}\dfrac{S_t^{b-}}{b_{r,k}}\right)} \tag{6-1}
$$

$$
X\lambda + s^- = x_k
$$
$$
Y\lambda - s^+ = y_k
$$
$$
B\lambda + Sb^- = b_k
$$
$$
\lambda, s^-, s^+ \geqslant 0
$$
$$
X = \{x_1, x_2, \cdots, x_n\} \in R^{m \times n},
$$
$$
Yd = \{y_{1d}, y_{2d}, \cdots, y_{nd}\} \in R^{q_1 \times n},
$$
$$
Y_{u,d} = \{y_{1(u,d)}, y_{2(u,d)}, \cdots, y_{n(u,d)}\} \in R^{q_2 \times n}
$$

式中,EE 为中国各省份的能源效率;m 为输入变量;s^+ 为期望的输入;s^-
是不期望的输出。x、y_d、$y_{u,d}$ 分别指投入、期望产出和非期望产出矩阵中
的元素;s^d 是缺乏合意的输出,s^- 和 $S_{u,d}$ 是奢侈的输入和不合意的输出;λ
指权重向量。下标 σ 指的是被测量的决策单元。如果 EE<1,则 DMU
的效率有提高;如果 EE=1,那么决策单元是有效的。

二、三阶段 SBM-DEM 模型

传统 DEA 模型不能排除环境因素和随机噪声的影响。因此,本章

---

① Tone K. A slacks-based measure of efficiency in data envelopment analysis[J]. European Journal of Operational Research, 2001, 130(3): 498-509.

② Tone K, Sahoo B K. Scale, indivisibilities and production function in data envelopment analysis[J]. International Journal of Production Economics, 2003, 84(2): 165-192.

考虑非期望产出,利用三阶段 DEA 模型并使用 SBM 方法,以更客观地衡量各省份的能源效率。

第一阶段:计算每个决策单元的初始相对效率使用非定向考虑非期望产出的 SBM 度量并获得冗余变量。

第二阶段:构建相似的随机前沿模型消除环境因素和随机噪声。假设冗余变量为投入,则主要受三个因素影响,即管理效率低下、环境因素和随机噪声。对于具有 m 个输入的 n 个决策单元,每个决策单元有 p 个可观察的环境变量,即 $Z_i = [Z_{1i}, Z_{2i}, \cdots, Z_{pi}]$。类似的随机前沿模型构造为

$$S_{i,k} = f(Z_k; \beta_i) + v_{i,k} + \mu_{i,k}(i=1,2,\cdots,m; k=1,2,\cdots,n) \quad (6\text{-}2)$$

式中,$S_{n,i}$ 为第 i 个决策单元的输入冗余,β_j 为第 i 个决策单元的系数环境变量,$v_{n,i}+u_{n,i}$ 为混合误差项,$v_{n,i}$ 为随机噪声,$u_{n,j}$ 为管理无效率,表明管理因素对输入松弛变量,服从半正分布 $u - N^+(0, \sigma_2)$。本章使用 Jondrow 等的 JLMS 方法[①]分离环境因素,管理低效率和随机噪声为

$$r = \frac{\sigma_{u,n}^2}{\sigma_{u,i}^2} + \sigma_{v,i}^2 \quad (6\text{-}3)$$

式中,r 表示技术无效率占总方差的比重,比重越大,管理因素的影响越大,比重越小,随机误差项的影响越大。本部分使用 Frontier 4.1 估计参数,并使用 JLMS 方法得到管理无效率,并将估计值代入调整公式。$X_{i,k}$ 是第 k 个决策单元第 i 个输入的初始值,$X_{ik\text{-}A}$ 是第 k 个决策单元第 i 个输入调整后的输入值。

$$E[v_{i,k} | v_{i,k}+\mu_{i,k}] = S_{i,k} - f(z_k; \beta_i) - \hat{E}[u_{i,k} | v_{i,k}+\mu_{i,k}] \quad (6\text{-}4)$$

$$X_{i,k}^A = X_{i,k} + [\max(f(Z_k; \hat{\beta}_i)) - f(Z_k; \hat{\beta}_i)] + [\max(v_{i,k}) - v_{i,k}]$$
$$(i=1,2,\cdots,m; k=1,2,\cdots,n) \quad (6\text{-}5)$$

第三阶段:使用调整后的投入和原始产出来衡量生态效率。

① Jondrow J, Lovell C A K, Materov I S et al. On the estimation of technical inefficiency in the stochastic frontier production function model[J]. Journal of Econometrics,1982(2-3):233-238.

三、数据来源

本章分析了中国 30 个省份 2004—2016 年的数据,数据来源于历年中国统计年鉴。本章选择三个变量作为投入变量:资本、劳动力和能源。具体而言,用资本存量代表资本投入;能源消耗以万吨标准煤为单位;劳动力投入用第一、二、三产业的从业人员来表示。以剔除通货膨胀后的实际 GDP 作为期望产出,选择硫排放、工业粉尘排放和碳排放作为非期望产出。碳排放量是根据政府间气候变化专门委员会(IPCC)2006 年指导目录中的方法计算的(见表 6-1)。由于本章选择的样本量较小,需要将多个指标综合为一个指标,以满足 DEA 要求,特别是对非期望产出,因此使用主成分分析法(PCA)来降低维度以确保 DEA 测量的准确性。主成分分析法旨在降低高维数据集的维数,同时尽可能多地获取数据集的主要信息,小维度代表原始数据集的综合变量。基于三个非期望输出,使用 PCA 合成一个污染指数(PI)。以下是标准化后的计量性和描述性统计指标体系,详见表 6-2、表 6-3。

表 6-1　效率评价指标体系

指标层	指标	定义	单位
投入	劳动力	第一产业、第二产业、第三产业的从业人数	万人
	能源	能源消耗	万吨标准煤
	资本	资本存量	1500 万美元
期望产出	GDP	剔除通货膨胀后的实际 GDP	1500 万美元
非期望产出	硫排放	二氧化硫排放量	吨
	工业烟粉排放	烟粉尘排放量	万吨
	碳排放	二氧化碳排放量	万吨

表 6-2　解释变量介绍

缩写	变量	定义	单位
PGDP	人均 GDP	剔除通货膨胀后的实际人均 GDP	1500 万美元
IS	产业结构	第二产业占 GDP 比重	%
Trade	贸易开放度	进出口总值与 GDP 的比值	
FDI	外商直接投资	外商直接投资占 GDP 比重	%
P	人口密度	每平方公里人口数	百万人/平方公里
Tech	科技投入	科技投入占 GDP 比重	%
City	城镇化水平	城镇人口占所有人口的比重	%
FD	财政分权水平	地方财政收入与中央财政收入的比值	

表 6-3　变量的描述性统计量

Variable	Obs	Mean	Std. Dev	Min	Max
Labor	390	0.36	0.27	0	1
Energy	390	0.30	0.21	0	1
Capital	390	0.22	0.18	0	1
GDP	390	0.19	0.18	0	1
PI	390	0.37	0.23	0	1
PGDP	390	0.26	0.19	0	1
IS	390	0.17	0.20	0	1
Trade	390	0.17	0.24	0	1
FDI	390	0.24	0.19	0	1
P	390	0.11	0.17	0	1
Tech	390	0.20	0.17	0	1
City	390	0.40	0.23	0	1
FD	390	0.24	0.17	0	1

第三节 结果分析

一、第一阶段分析

第一阶段，在不考虑外部环境变量和随机因素的情况下，使用无导向的非期望 SBM 模型对中国 30 个省份 2004—2016 年的能源效率进行测量。14 年间，全国各省份的能源效率平均值均在 0.6 以上（见表 6-5 和图 6-1），能源利用状况良好。此外，能效区域差异不明显，区域差异逐年缩小。在 30 个省份中，北京、天津、上海、福建、海南和青海的能源效率均处于前列，而宁夏和新疆的能源效率最低，均小于 0.4。东部地区总体最高，中部地区次之，西部地区除青海外最低，表明西部地区能源利用效率有待加强。

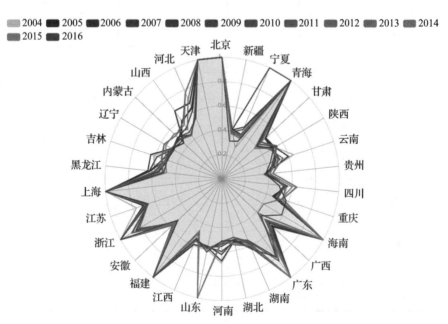

图 6-1 2004—2016 年中国 30 个省份的能源效率

二、第二阶段:相似 SFA 分析

第二阶段,一些学者习惯于收集所有年份的数据来调整冗余变量,但本章倾向于探索每年的截面数据分析,以使调整更加准确和严谨。限于篇幅,本章仅报告了 2011 年截面数据的回归结果。表 6-4 显示,r 接近 1,说明混合误差项的管理效率低下,对输入松弛变量和随机扰动项的影响很小,接近于零。在考虑环境变量对输入冗余的影响时,如果系数为正,则环境因素的增加会导致输入冗余变量的增加,说明环境因素的增加不利于能源效率的提高。如果系数为负,则环境变量的增加会降低输入松弛变量,说明环境因素的增加有利于能源效率的提高。

结果表明,人均 GDP 的增加会导致资本投入松弛变量的增加,从而降低资本使用效率,这与之前的研究结论一致。能源和资本的产业结构松弛系数在统计上为正,说明第二产业比重越大,能源效率越低。以重工业为主的第二产业往往伴随着"高投入、高排放"的发展模式,易造成能源的浪费。而且,第二产业的发展总是需要大量的资金。当前,国家正在加快推进产业升级,致力于促进第三产业的发展、能源利用效率的提高。贸易开放度与资本冗余呈负相关。对外贸易的改善将增强企业之间的竞争,促进技术创新,从而提高资源效率,降低能源消耗。FDI 在统计上与资本冗余呈负相关。外商直接投资引进先进技术将提高资本投资效益。技术水平与劳动力冗余呈正相关,表明技术水平的提高会降低劳动生产率。基于这一现象,有学者指出可能是因为科技水平与劳动效率的发展存在不同步的情况。城市化在统计上并不显著,因此本章不做讨论。财政分权与劳动力冗余和资本冗余呈负相关。在财政分权下,地方政府作为地方主体,掌握着更多的地方发展信息,能更合理地使用资金,提高生态效率。

表 6-4 SFA 模型结果

变量	Labor	Energy	Capital
Constant	1.924***(0.44)	0.246(0.32)	0.057***(0.01)
PGDP	−0.463(0.89)	0.154(0.22)	0.296***(0.02)
IS	0.020(0.11)	0.041***(0.02)	0.015***(0.00)
Trade	−0.090(0.07)	−0.014(0.01)	−0.010***(0.00)
FDI	−0.165(0.12)	−0.020(0.03)	−0.012*(0.001)
P	0.613***(0.13)	0.009(0.03)	−0.000(0.02)
Tech	1.223***(0.49)	1.223***(0.49)	1.223***(0.49)
City	0.157(0.24)	0.157(0.24)	0.157(0.24)
FD	−2.885***(1.02)	−2.885***(1.02)	−2.885***(1.02)
Sigma-squared	0.589***	0.589***	0.589***
Gamma	1.000***	1.000***	1.000***
LR	11.41***	11.41***	11.41***

注:括号内为 t 统计量,*、**、***分别表示在10%、5%、1%的水平上显著。

三、第三阶段分析

根据第二阶段的环境因素,调整输入数据,重新计算各省份的能源效率,得到基于管理效率的能源效率。剔除环境因素和随机误差后,各省份的能源效率发生了很大变化(见表 6-5、表 6-6)。与调整前相比,青海、宁夏和新疆的能源效率都变小了,其中青海变化最大,从调整前的 1 下降到调整后的 0.009。由于青海的 GDP 为 2572 亿元,位居全国末位。在不考虑环境因素的情况下,青海调整后的投入大,预期产出小,导致资源利用不足,生态效率低下,能源效率低下。山东和广东的能源效率分别从 0.5 和 0.8 变为 1,处于前列。客观上,山东和广东的能源效率尚可,但环境条件较差。与调整前相比,能源效率的区域差距在扩大,呈现出严重的两极分化现象。此外,个别地区能源效率波动较大,能源效率总体呈上升趋势。在这 30 个省份中,北京、广东的能源效率在 30 个省份中一直处于前列。甘肃、青海和宁夏的能源效率最低。本章采用断点分类法,将调整后的 2004—2016 年各省能源效率平均值分为"高""中""低"三类,经比较,沿海地区的能源效率普遍较高,内陆地区较低,特别是西部和西南地区。

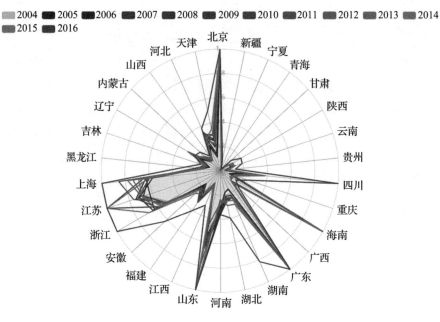

图 6-2　2004—2016 年中国 30 个省份的能源效率

表 6-5　调整前各省份能源效率值

省份	2004年	2005年	2006年	2007年	2008年	2009年	2010年	2011年	2012年	2013年	2014年	2015年	2016年
北京	1	1	1	1	1	1	1	1	1	1	1	1	1
天津	1	1	1	1	1	1	1	1	1	1	1	1	1
河北	0.69	0.68	0.63	0.64	0.62	0.56	0.57	0.56	0.58	0.77	0.78	0.72	0.55
山西	0.69	0.69	0.59	0.58	0.52	0.45	0.45	0.45	0.44	0.57	0.55	0.50	0.48
内蒙古	0.44	0.44	0.46	0.49	0.51	0.51	0.49	0.48	0.48	0.53	0.53	0.55	0.51
辽宁	0.49	0.50	0.49	0.50	0.48	0.49	0.50	0.50	0.50	0.57	0.57	0.56	0.48
吉林	0.62	0.64	0.59	0.53	0.51	0.49	0.49	0.49	0.51	0.55	0.54	0.51	0.49
黑龙江	0.58	0.64	0.62	0.62	0.62	0.54	0.56	0.57	0.58	0.51	0.51	0.48	0.50
上海	1	1	1	1	1	1	1	1	1	1	1	1	1
江苏	0.77	0.71	0.70	0.69	0.67	0.66	0.66	0.66	0.67	0.68	0.69	0.67	0.67
浙江	1	1	1	1	0.88	0.85	0.84	0.82	0.89	1	1	1	1
安徽	0.57	0.57	0.57	0.57	0.55	0.52	0.53	0.54	0.54	0.56	0.56	0.54	0.50
福建	1	1	1	1	1	1	1	1	1	1	1	1	1
江西	0.60	0.59	0.56	0.55	0.55	0.55	0.55	0.55	0.56	0.48	0.49	0.47	0.53
山东	0.59	0.58	0.57	0.58	0.58	0.58	0.58	0.59	0.59	1	1	1	1
河南	0.69	0.67	0.62	0.60	0.55	0.54	0.53	0.52	0.51	0.51	0.52	0.51	0.61
湖北	0.52	0.52	0.52	0.53	0.51	0.51	0.49	0.49	0.49	0.56	0.54	0.55	0.51

续表

省份	2004年	2005年	2006年	2007年	2008年	2009年	2010年	2011年	2012年	2013年	2014年	2015年	2016年
湖南	0.61	0.61	0.58	0.60	0.62	0.55	0.56	0.57	0.59	0.60	0.60	0.60	0.63
广东	1	1	1	1	1	0.80	0.83	1	1	1	1	1	0.79
广西	0.51	0.58	0.57	0.59	0.54	0.52	0.52	0.51	0.49	0.42	0.43	0.41	0.45
海南	1	1	1	1	1	1	1	1	1	1	1	0.41	0.59
重庆	0.56	0.47	0.46	0.47	0.48	0.48	0.50	0.51	0.55	0.54	0.55	0.53	0.58
四川	0.56	0.56	0.56	0.56	0.53	0.53	0.54	0.54	0.55	0.64	0.64	0.60	0.49
贵州	0.36	0.37	0.37	0.38	0.39	0.39	0.41	0.41	0.41	0.44	0.44	0.41	0.38
云南	0.64	0.60	0.52	0.48	0.48	0.48	0.46	0.45	0.46	0.55	0.51	0.50	0.44
陕西	0.52	0.52	0.50	0.51	0.51	0.53	0.53	0.54	0.53	0.48	0.49	0.51	0.51
甘肃	0.40	0.50	0.50	0.50	0.49	0.43	0.45	0.45	0.46	0.41	0.39	0.38	0.40
青海	1	1	1	1	1	1	1	1	1	1	1	1	1
宁夏	0.28	0.40	0.38	0.47	1	0.38	0.45	0.39	0.39	0.40	0.38	0.37	0.34
新疆	0.42	0.42	0.40	0.41	0.41	0.39	0.39	0.39	0.38	0.41	0.40	0.38	0.32
平均	0.67	0.68	0.66	0.66	0.67	0.63	0.63	0.63	0.64	0.67	0.67	0.64	0.61

表 6-6 调整后各省份能源效率值

省份	2004 年	2005 年	2006 年	2007 年	2008 年	2009 年	2010 年	2011 年	2012 年	2013 年	2014 年	2015 年	2016 年
北京	1	1	1	1	1	1	1	1	1	1	1	1	1
天津	0.13	0.11	0.14	0.20	0.25	0.26	0.31	0.27	0.23	0.30	0.22	0.35	0.50
河北	0.29	0.23	0.30	0.34	0.30	0.35	0.33	0.31	0.28	0.31	0.31	0.29	0.38
山西	0.11	0.11	0.12	0.12	0.11	0.12	0.11	0.11	0.11	0.13	0.12	0.10	0.15
内蒙古	0.10	0.11	0.12	0.13	0.14	0.14	0.14	0.15	0.12	0.17	0.16	0.16	0.23
辽宁	0.20	0.19	0.21	0.23	0.21	0.26	0.25	0.22	0.31	0.23	0.24	0.24	0.25
吉林	0.11	0.09	0.10	0.11	0.12	0.13	0.12	0.11	0.12	0.14	0.15	0.12	0.17
黑龙江	0.20	0.16	0.16	0.19	0.20	0.20	0.20	0.17	0.18	0.14	0.19	0.15	0.29
上海	0.67	0.63	0.57	0.61	0.63	0.65	0.60	0.86	0.78	0.74	0.61	0.69	1
江苏	0.67	0.62	0.71	0.68	0.74	1	0.73	0.76	0.69	0.68	1	0.69	1
浙江	0.50	0.64	0.65	0.52	0.61	0.59	0.54	0.52	0.62	0.57	0.69	0.58	1
安徽	0.21	0.18	0.16	0.20	0.23	0.21	0.22	0.21	0.23	0.21	0.27	0.23	0.62
福建	0.32	0.27	0.25	0.29	0.32	0.30	0.31	0.26	0.25	0.21	0.25	0.24	0.41
江西	0.12	0.12	0.11	0.12	0.15	0.14	0.14	0.12	0.13	0.11	0.14	0.13	0.31
山东	0.49	0.55	1	0.58	0.54	0.65	0.61	0.59	0.45	0.78	1	1	1
河南	0.34	0.31	0.33	0.36	0.37	0.36	0.33	0.29	0.26	0.26	0.24	0.25	0.36
湖北	0.20	0.18	0.18	0.22	0.24	0.26	0.25	0.23	0.23	0.23	0.29	0.26	0.40

续表

省份	2004 年	2005 年	2006 年	2007 年	2008 年	2009 年	2010 年	2011 年	2012 年	2013 年	2014 年	2015 年	2016 年
湖南	0.22	0.16	0.17	0.22	0.25	0.24	0.24	0.24	0.24	0.23	0.30	0.27	0.82
广东	1	1	1	1	1	1	1	1	1	1	1	1	1
广西	0.13	0.13	0.13	0.13	0.15	0.14	0.13	0.14	0.12	0.14	0.13	0.12	0.21
海南	1	1	1	1	1	1	0.10	1	0.12	1	0.09	0.11	0.15
重庆	0.08	0.08	0.08	0.08	0.10	0.11	0.10	0.12	0.12	0.11	0.14	0.12	0.25
四川	0.22	0.19	0.20	0.25	0.25	0.28	0.27	0.27	0.27	0.27	0.39	0.32	1
贵州	0.04	0.04	0.04	0.05	0.05	0.05	0.05	0.04	0.05	0.06	0.07	0.07	0.13
云南	0.11	0.09	0.08	0.10	0.12	0.11	0.11	0.10	0.10	0.13	0.14	0.13	0.20
陕西	0.10	0.10	0.11	0.10	0.12	0.13	0.12	0.12	0.12	0.10	0.11	0.11	0.20
甘肃	0.05	0.05	0.05	0.05	0.06	0.06	0.06	0.06	0.06	0.05	0.05	0.05	0.13
青海	0.00	0.00	0.00	0.01	0.01	0.01	0.01	0.01	0.01	0.01	0.01	0.01	0.02
宁夏	0.00	0.00	0.01	0.01	0.01	0.01	0.01	0.01	0.01	0.01	0.02	0.01	0.03
新疆	0.07	0.06	0.07	0.07	0.07	0.07	0.07	0.07	0.05	0.07	0.07	0.07	0.09
平均	0.29	0.28	0.30	0.30	0.31	0.33	0.31	0.31	0.27	0.31	0.31	0.30	0.44

第四节 本章小结

一、结论

本章以碳排放和工业废弃物为约束条件,采用 SBM 改进的三阶段 DEA 模型来衡量 2004—2016 年中国各省的能源效率,并得出以下结论:

第一,调整后各省能源效率与调整前相比有较大变化,说明环境因素和随机误差对能源效率有重要影响,我国整体外部环境条件是有利的。第二产业比重提高会降低能源效率,而外商直接投资增加以及贸易开放度、财政分权水平提高会提高能源效率。

第二,从能效区域分析来看,调整后中国各省之间存在明显的区域差异,且差异逐渐变大。能源效率与管理层面的空间差异越来越大。目前,在能源效率的提高方面,表现出整体上升趋势。根据能源效率的演变,东部沿海地区能源效率最高,西南和西北地区能源效率最低,生态环境管理有待加强。

二、政策

鉴于上述结论,本章提出以下建议:

第一,加强政府监管。一是政府要负责任地做好支持和引导工作,加强相关法律和标准的贯彻落实,完善有利于减少能源生产和转化的法律法规。二是政府要努力创造和维护有利于公平竞争的市场环境,推动企业遵循市场机制、优化升级产业结构。东部地区省级政府要着力加强环境管理。系统执行更严格的污染物排放和环境保护标准,及时征收外部环境税以减少污染物排放,最大限度地利用资源和能源,通过不断的技术进步、产业升级和能源消费结构改善,保持经济发展水平的领先地位。中西部地区省级政府要立足于能源效率低、提升潜力大的特点,积极引进和创新技术,加强区域间交流,推广新技术,提高部门生产力和能源效率。

第二,调整产业结构,促进产业升级。提高高新技术产业对传统产业的渗透率,以技术进步促进产业结构调整,积极推动传统服务业转型和现代服务业发展。要着力发展现代服务业,调整第三产业内部结构,改造传统服务业,发展"高、精、尖"等产业类型。推广低碳环保新型可再生能源,明确制定可再生能源发展规划。东部地区技术和管理能力强,可以优先发展替代能源和可再生能源。中西部能源资源较为丰富,但能源利用效率较低,要转变粗放型能源利用方式,积极鼓励科技创新,推广利用新能源利用技术,实现能源高效利用。

第三,扩大对外开放水平,优化外贸结构,提升利用外资水平。各省可以通过扩大开放水平,引进先进技术和管理经验来提高能源利用效率。通过调整外贸政策,减少高耗能、高排放产品的贸易,逐步转变贸易方式,促进绿色贸易转型。要建立环境准入制度,限制外商直接投资高耗能、高污染行业,引导外商加大对高端制造、高新技术、高环境协调性行业的投资。

第七章　机器人促进碳减排的中介效应研究

　　随着工业智能化的不断提高,机器人(use of robort,UR)被广泛应用于生产和生活的各个方面,在实现碳减排目标方面发挥着至关重要的作用。本章以 2006—2019 年中国 30 个省份为研究对象,探讨了 UR 对碳排放的影响,并分析了具体的影响机制。研究发现,UR 可以显著减少碳排放。然而,市场化程度起到了掩盖作用,在一定程度上限制了 UR 的减碳效果。此外,在碳排放量较低的省份,UR 的减碳效果更强。另外,UR 对邻近地区具有显著的空间溢出效应,UR 水平的提高将对该地区及周边地区的碳减排产生积极影响。相关研究结果为进一步深化 UR 辅助碳减排政策实施提供了实证支持。

第一节　引言

　　党的二十大报告提出,要积极稳妥推进碳达峰和碳中和,立足我国能源禀赋,坚持先立后破,有计划、有步骤地实施碳达峰行动,这为推进碳达峰碳中和提供了根本依据,对全面建设社会主义现代化国家具有重要意义。生态环境部数据显示,在过去 10 年中,中国经济以 6.6% 的年均增长率增长,能源消耗以 3% 的年均增长率增长,面对实现生态环境根本改善和推进碳达峰碳中和的战略任务,我们需要把握新的发展阶段,落实新的发展理念,加快构建新发展格局,寻找碳减排的突破点,抓住绿色发展的"牛鼻子",协调碳达峰碳中和与生态环境保护的相关工作,加快碳达峰碳中和的实质性新进展。

2022 年,我国人工智能核心产业规模超过 4000 亿元,企业数量超过 3000 家。随着人工智能的发展,中国企业使用的机器人数量和范围都在增加。在中国人口首次出现负增长、经济发展"人口红利"逐渐消失的背景下,人工智能对经济发展产生重大影响,机器人的广泛使用将有助于推动"机器人红利"时代的到来。同时,机器人的应用对改善自然环境、提高社会经济可持续发展能力也具有重要意义。机器人在制造业中得到广泛应用,不仅提高了生产效率,还进一步提高了行业的可持续发展能力。在制造工业领域,机器人可以大大提高生产效率,减少浪费,从而节省能源,减少碳排放。在农业领域,农业机器人能精确地施肥和喷洒农药,减少资源浪费和过量使用化学品对环境的伤害。机器人也可用于清洁能源产业的维护和监控工作,例如,无人机可以检查风力发电机叶片的破损,检查太阳能板的效率,保证这些设备在最佳的状态下运行,尽可能多地提高清洁能源的利用率。自动驾驶等智能交通技术的发展,能够提高汽车的行驶效率,这也有助于减少碳排放。机器人运输和物流系统可以大大提高运输效率,缩短运输距离,减少无效行驶,从而节约能源,减少碳排放。利用机器人技术,包括人工智能及大数据等来推进智慧城市建设,可提高城市运行效率,帮助节能减排。在当前背景下,工业智能化这一新概念应运而生,它是在推动新一代人工智能、新型基础设施、信息通信以及互联网与传统行业相融合的大背景下提出的。关于工业智能化的量化研究,我们可以大致分为三类。首先,一些研究倾向于采用机器人密度、存量、渗透度以及授权量等单一指标作为衡量工业智能化的标准。其次,另一些研究则侧重于通过人工智能技术替代原有劳动力,尤其在替代低技能岗位的劳动力方面,利用智能化机器来完成生产任务。最后,还有研究通过构建多个指标体系来综合测算工业智能化水平。

一、碳减排驱动因素研究

(一)从经济发展方式的角度分析碳排放的驱动因素

现有研究大都从产业结构、创新驱动和新型城镇化等方面来分析碳排放的经济驱动力。[①] Lin 等基于实证分析认为,高耗能、高排放产业的转移伴随着大量的碳排放转移,不同结构的产业转移会形成不同程度的碳排放溢出效应。[②] 然而,Li 等认为,尽管产业结构转移和碳排放转移的路径相似,但产业结构转移与碳排放转移之间并没有产生完全的协同作用。[③] Zhao 等分析了中国 252 个城市的数据,认为合作绿色创新在减少碳排放方面比自主绿色创新更有效。[④] Guo 等证实,城镇化的发展显著促进了碳排放,城镇化发展越快,各省碳排放增长越快。[⑤] 关于环境规制在碳减排中的作用,学术界一直存在争议。一方面,"波特假说"认为,合理的环境规制可以通过刺激企业的技术研发创新和用创新补偿环境规制成本的增加来减少碳排放。[⑥] 另一方面,"绿色悖论假说"认为,中国的财

① Huang H，Yi M. Impacts and mechanisms of heterogeneous environmental regulations on carbon emissions：an empirical research based on DID method[J]. Environmental Impact Assessment Review,2023,99:107039. Xiao Y，Huang H，Qian X-M et al. Can new-type urbanization reduce urban building carbon emissions? New evidence from China[J]. Sustainable Cities and Society,2023,90:104410.

② Lin B，Wang C. Does industrial relocation affect regional carbon intensity? evidence from China's secondary industry[J]. Energy Policy,2023,173:113339.

③ Li M，Li Q，Wang Y，Chen W . Spatial path and determinants of carbon transfer in the process of inter provincial industrial transfer in China[J]. Environmental Impact Assessment Review,2022,95:106810.

④ Zhao Y，Zhao Z，Qian Z, et al. Is cooperative green innovation better for carbon reduction? evidence from China[J]. Journal of Cleaner Production,2023,394:136400.

⑤ Guo X，Fang C. How does urbanization affect energy carbon emissions under the background of carbon neutrality? [J]. Journal of Environmental Management,2023,327:116878.

⑥ Danish，Ulucak R，Khan SU-D et al,Mitigation pathways toward sustainable development：Is there any trade-off between environmental regulation and carbon emissions reduction? [J]. Sustainable Development,2020,28:813-822.

政分权治理模式会削弱环境政策对碳排放的抑制作用。[①] 一些学者还认为,在不同程度的环境规制下,环境规制对碳减排的影响不同,碳减排政策不仅可以减少该地区的碳排放,还可以提升周边地区的碳减排效果。[②] Meng 等认为,可再生能源投资组合标准和碳税政策促进了中国电力行业的碳减排。[③] Sun 等测试了低碳试点城市建设和高铁建设对碳减排的政策效应。[④]

(二)研究方法

现有文献大多使用空间计量模型[⑤]、分位数模型[⑥]、阈值模型[⑦]和政策评估模型[⑧]来研究碳排放的空间溢出效应、异质效应、区间效应和政策效应。

二、UR 带来的影响研究

现有研究对机器人应用带来的经济、社会和自然环境影响进行了广

①　Zhang K, Zhang Z Y, Liang Q M. An empirical analysis of the green paradox in China: From the perspective of fiscal decentralization[J]. Energy Policy,2017,103:203-211.

②　Huang X, Tian P. How does heterogeneous environmental regulation affect net carbon emissions: Spatial and threshold analysis for China[J]. Journal of Environmental Management,2023, 330:117161.

③　Meng X, Yu Y. Can renewable energy portfolio standards and carbon tax policies promote carbon emission reduction in China's power industry? [J]. Energy Policy,2023,174:113461.

④　Sun L, Li W. Has the opening of high-speed rail reduced urban carbon emissions? Empirical analysis based on panel data of cities in China[J]. Journal of Cleaner Production,2021,321:128958; Zeng 等 Zeng S, Jin G, Tan K, Liu X. Can low-carbon city construction reduce carbon intensity? Empirical evidence from low-carbon city pilot policy in China [J]. Journal of Environmental Management,2023,332:117363.

⑤　Li J, Li S. Energy investment, economic growth and carbon emissions in China—Empirical analysis based on spatial Durbin model[J]. Energy Policy ,2020,140:111425.

⑥　Razzaq A, Sharif A, Afshan S et al. Do climate technologies and recyfcling asymmetrically mitigate consumption-based carbon emissions in the United States? New insights from Quantile ARDL[J]. Technological Forecasting and Social Change,2023,186:122138.

⑦　Wu H, Xu L, Ren S et al. How do energy consumption and environmental regulation affect carbon emissions in China? New evidence from a dynamic threshold panel model[J]. Resources Policy,2020,67:101678.

⑧　Pan X, Li M, Wang M et al. The effects of a Smart Logistics policy on carbon emissions in China: a difference-in-differences analysis. Transportation Research Part E: Logistics and Transportation Review. 2020,137:101939.

泛深入的研究。机器人的发展为经济增长增添了新的动力。工业自动化提高了创新要素的资源配置效率。[1] 机器人技术可能带来积极的经济影响,如提高生产力、产品质量、多个行业的灵活性以及培育新的商业模式,将对全球经济增长产生巨大拉动。UR 有利于绿色经济增长和绿色技术创新。[2] 然而,一些研究表明,机器人技术的发展会对劳动力市场产生负面影响。[3] Acemoglu 和 Restrepo 通过研究工业机器人对美国劳动力市场的影响,发现机器人可能会减少就业机会和降低薪资待遇。[4] 此外,工业机器人的使用显著扩大了城市居民的收入差距,这主要体现在机器人对该地区劳动力的替代效应上。[5] 然而,Wang 等认为,从中长期来看,机器人应用对制造业就业有积极影响。[6]

此外,一些学者还关注机器人应用对自然环境的影响,包括污染物排放、碳排放等。Figliozzi 等发现,自动送货机器人可以显著降低城市地区的能源消耗和二氧化碳排放。[7] Figliozzi 等研究认为,机器人技术的使用显著降低了碳排放强度。[8] 然而,Lange 等研究了机器人的使用对能源消

---

[1] Qin W, Chen S, Peng M. Recent advances in industrial Internet: insights and challenges [J]. Digital Communications and Networks,2020(1):1-13.

[2] Qian Y, Liu J, Shi L et al. Can artificial intelligence economic growth growth? [J]. Environmental Science and Pollution Research,2022,30:16418-16437;Yin K, Cai F, Huang C. How does artificial intelligence development affect green technology innovation in China?. evidence from dynamic panel data analysis[J]. Environmental Science and Pollution Research,2022,30:28066-28090.

[3] 王永钦,董雯.机器人的兴起如何影响中国劳动力市场?——来自制造业上市公司的证据 [J].经济研究,2020(10):159-175.

[4] Acemoglu D, Lelarge C, Restrepo P. Competing with robots: firm-level evidence from France[J]. American Economic Association,2020,110:383-388.

[5] 王林辉,胡晟明,董直庆.人工智能技术会诱致劳动收入不平等吗——模型推演与分类评估 [J].中国工业经济,2020(4):97-115;陈东,秦子洋.人工智能与包容性增长——来自全球工业机器人使用的证据[J].经济研究,2022(4):85-102.

[6] Wang E-Z, Lee C-C, Li Y. Assessing the impact of industrial robots on manufacturing energy intensity in 38 countries[J]. Energy Economics,2020,105:105748.

[7] Liu J, Liu L, Qian Y et al. The effect of artificial intelligence on carbon intensity: evidence from China's industrial sector[J]. Socio-Economic Planning Sciences,2020,83:101002.

[8] Figliozzi M, Jennings D. Autonomous delivery robots and their potential impacts on urban freight energy consumption and emissions[J]. Transportation Research Procedia,2020,46:21-28.

耗的影响,发现机器人的使用不仅没有节约能源,反而带来了额外的能源消耗。[①]

现有研究还讨论了 UR 对碳排放影响的区域异质性和行业异质性。如 Li 等认为,数字经济对碳排放的影响存在区域异质性。[②] 此外,与资本密集型行业相比,UR 显著降低了劳动密集型和技术密集型行业的碳排放强度。综合来看,关于机器人的使用对碳排放等环境因素的影响,学界尚未达成共识。

关于 UR 影响碳排放的具体机制,一些研究从产业组织、技术创新、绿色生产效率和能源强度等角度进行了讨论。提高非化石能源使用比例和优化产业结构是数字技术创新降低碳排放强度的有效机制。[③] 工业机器人的应用提高了生产力,优化了要素结构,促进了生产技术创新,提高了能源效率,降低了碳排放强度。研发投资抑制了碳排放水平,并在数字化水平和二氧化碳排放强度之间发挥了中介作用。技术创新具有类似的直接和调节效应。[④] 此外,UR 可以促进生产要素市场和产品市场的市场化。具体而言,大数据、互联网等技术的发展促进了人才、资本、技术等生产要素的跨区域流动,打破了行政壁垒,提高了生产要素的市场化程度。另外,机器人在各个行业的广泛应用,极大地促进了各个行业产品和服务的创新,提高了行业的生产效率,淘汰了许多落后产能,并进一步升级了市场结构,从而减少了碳排放。

总体而言,本章对信息技术应用对碳排放的影响进行了深入的探讨,为后续研究提供了理论支持和经验,但仍有进一步拓展的空间:首先,本章进一步关注了机器人使用的碳减排效果,并借助空间 Durbin 模型

---

① Lange S, Pohl J, Santarius T. Digitalization and energy consumption. Does ICT reduce energy demand? [J]. Ecological Economics ,2022,176:106760.

② Li Z, Wang J. The Dynamic Impact of Digital Economy on Carbon Emission Reduction: evidence City-level Empirical Data in China. [J]. Journal of Cleaner Production,2022,351:131570.

③ Wang L, Chen Y, Ramsey TS, Hewings G J D. Will researching digital technology really empower green development? [J]. Technology in Society,2021,66:101638.

④ Ma Q, Tariq M, Mahmood H, Khan Z. The nexus between digital economy and carbon dioxide emissions in China: the moderating role of investments in research and development[J]. Technology in Society,2022,68:101910.

(SDM)将碳减排效应分解为直接效应部分和空间溢出效应部分。其次，先前的研究探讨了 UR 技术的应用对碳排放的影响，但很少有研究从市场化的角度探讨两者之间的关系，忽略了产品和生产要素的市场化程度对人工智能技术应用与碳排放之间关系的影响。本章通过理论和实证进一步建立了分析框架，探讨 UR 应用的碳减排效果以及市场化在其中的中介作用，填补了现有研究的空白，丰富了现有的理论机制。这对政府如何在数字经济背景下通过使用机器人实现更好的碳排放控制具有重要意义。

工业智能化作为全球温室气体排放的主要源头，其迅速发展带来的影响不可忽视。因此，推动工业转型升级、优化能源结构以及提升能源利用效率，成为降低碳排放、促进可持续发展的重要途径。与此同时，随着数字经济、人工智能以及大数据技术的广泛应用，以 UR 为代表的工业智能化在我国得到了迅猛发展，从而催生出全球最大的需求市场。在"双碳"目标下，研究机器人的使用是否能有效减少碳排放，不仅有助于各国政府制定科学有效的碳减排政策，还能提高数字经济时代各国社会经济生活的可持续发展能力。因此，本章从实证分析的角度分析了 UR 对碳排放的驱动作用和影响机制。首先，本章构建了与机器人使用和碳排放相关的理论模型；其次，通过固定效应模型探讨了机器人使用对碳排放的影响；再次，通过空间 Dubin 模型进一步研究了机器人使用对碳排放的空间溢出效应；最后，借助中介效应模型，从市场化的角度研究了机器人使用对碳排放的具体作用机制。许多企业在这个进程中不断将智能化因素与日常生产活动相结合，以此来实现内部的有效转型升级。这意味着，通过工业智能化来实现区域之间的碳排放联动治理，是我国未来经济可持续发展的重要方向。这不仅符合全球减碳趋势，也为实现"双碳"目标提供了行动指南。我们应当深入推进工业智能化的发展，使其成为我国经济转型升级的重要驱动力。同时也应看到，这不仅需要政策引导和资金支持，更需要我们在技术创新、人才培养、应用推广等方面付出持续的努力。总的来说，工业智能化是推动我国经济转型升级的重要手段，也是实现"双碳"目标的重要途径。我们需要在深入理解和把握这一新概念的基础上,积极应对挑战,抓住机遇,以实现我国经济的可持续发展和全球气候目标的达成。

　　本章的其余部分组织如下:第二部分介绍了研究方法;第三部分介绍了实证结果和讨论。最后一部分对本章内容进行了总结,并提出了相应的政策建议。

第二节　研究方法

一、面板回归模型

　　Ehrlich 和 Holdren 提出 IPAT 模型可用来衡量人类活动对环境的影响。I 是与三个主要变量(人口、富裕程度和技术)有关的环境效应。Dietz 和 Rosa 创建了 STIRPAT 模型,并包含了随机效应,该模型及其对数形式为

$$I_{i,t} = a_i \, P_{b,i,t} \times A_{c,i,t} \times T_{d,i,t} \times e_{i,t} \tag{7-1}$$

$$I = P \times A \times T \tag{7-2}$$

　　本章增加了 UR、人均 GDP、市场化程度、人口密度、产业结构和环境调节的解释变量,具体公式为

$$C_{i,t} = a_0 + a_1 \, \mathrm{AI}_{i,t} + a_2 \, Z_{i,t} + \tau_i + u_i + \varepsilon_i \tag{7-3}$$

式中,i 表某省份;t 为年份;$C_{i,t}$ 表示第 t 年 i 省的碳排放量;$\mathrm{AI}_{i,t}$ 表示 i 省在第 t 年使用的机器人数量;$\mathrm{Market}_{i,t}$ 是 i 省在第 t 年的市场化指数;$Z_{i,t}$ 是控制变量,具体包括 PGDP、人口密度、环境调节和产业结构;u_i 表示个体固定效应,τ_i 表示时间固定效应,ε_i 表示误差项。

二、面板分位数回归

我国 30 个省份碳排放的区域差异不容忽视,因此不同省份的碳排放是异质的,传统的面板模型可能存在估计偏差。为了准确识别机制,本章采用面板分位数回归模型来衡量 UR 和市场化程度对碳排放的影响。使用具有固定效应的面板分位数回归模型可获得更稳健和一致的研究结果。分位数回归可以描述因变量对不同分位数自变量的影响,它通过使用解释变量的条件期望来约束最小二乘回归的局限性,并通过将最小残差权重的绝对值相加得到因变量任意分位数的回归方程。固定效应面板分位数回归模型通过添加惩罚项来获得系数来估计参数,具体设置如下

$$Q_{y_{i,t}}(\tau_k x_{i,t}) = x_{i,t}^T \beta(\tau_k) + \alpha_i + \varepsilon_{i,t} (i=1,2,\cdots,N, t=1,2,\cdots,T) \quad (7\text{-}4)$$

式中,$Q_{y_{i,t}}(\tau_k x_{i,t})$ 表示 UR 的第 k 个分位数;$x_{i,t}$ 是碳排放、市场化程度、PGDP、PD、ER 和 IS 的矩阵;α_i 表示个体固定效应;τ_k 是分位数;$\beta(\tau_k)$ 是 τ 分位数上的第 k 个回归系数。参数估计方法如下

$$\hat{\beta}(\tau_k,\lambda), \{\alpha_i(\lambda)\}_{i=1}^n = \arg\min_{(\alpha,\beta)} \sum_{k=1}^K \sum_{t=1}^T \sum_{i=1}^N w_k \rho_{\tau_k} [y_{i,t} - \alpha_i - X_{i,t}^T \beta(\tau_k)]$$

$$+ \lambda \sum_i^N |\alpha_i| (i=1,\cdots,N, t=1,\cdots,T) \quad (7\text{-}5)$$

式中,τ 是分位数;$\rho_\tau(u) = u(\tau - I(u<0))$ 是检验函数;$I(u<0) = \begin{cases} 1 & u<0 \\ 0 & u \geqslant 0 \end{cases}$

是指标函数;w_k 是第 k 个分位数的权重;$w_k = 1/k$;$\lambda(\lambda=1)$ 是用于惩罚固定效应的调谐参数 α_i。

三、SDM 模型

由于区域之间客观的经济或政策联系,不同区域的碳排放是相互联系和影响的。因此,有必要考虑使用空间计量模型来分析各种因素对碳排放的影响。与空间滞后模型(SLM)和空间误差模型(SEM)相比,SDM 是一种分析空间经济的综合框架和标准化方法。本章使用空间面板

Durbin 模型研究了碳排放的空间溢出效应,具体为

$$Y = \rho WY + \alpha \tau_N + X\beta + WX\theta + \varepsilon \tag{7-6}$$

$$\varepsilon \sim N(0, \delta^2 I_n)$$

式中,Y 是因变量的 $N \times 1$ 向量;τN 是与常数项相关的向量 α;X 是自变量的 $N \times k$ 矩阵;β 是其参数;ε 表示误差项。

SDM 的一般形式是为

$$Y = (I - \rho W)^{-1} \alpha \tau_n + (I - \rho W)^{-1} (X\beta + WX\theta) + (I - \rho W)^{-1} \varepsilon \tag{7-7}$$

四、中介效应模型

为了进一步探索 UR 对碳排放影响的传导机制,本章构建了以下中介效应模型,通过市场化指标来检测 UR 是否影响碳排放。

$$C_{i,t} = a_0 + a_1 \text{AI}_{i,t} + a_2 Z_{i,t} + \tau_i + u_i + \varepsilon_i \tag{7-8}$$

$$\text{Market}_{i,t} = b_0 + b_1 \text{AI}_{i,t} + b_2 Z_{i,t} + \tau_i + u_i + \varepsilon_i \tag{7-9}$$

$$C_{i,t} = c + C_1 \text{Market}_{i,t} + C_2 \text{AI}_{i,t} + C_3 Z_{i,t} + \tau_i + u_i + \varepsilon_i \tag{7-10}$$

此外,本章使用机器人数量滞后一个周期作为工具变量,以确保实证结果的内部有效性。

五、变量和数据

市场化程度是指市场在一个国家或地区的资源配置中发挥作用的程度。根据樊纲等的研究结果,市场化是中国从计划经济向市场经济的转变,包括经济、政治和文化的一系列变化。[①] 例如,政府减少了对经济的干预,非国有经济得到发展,生产要素加速发展。市场化指数被广泛用来描述一个地区市场化的相对程度。因此,市场化指数表达了市场化程度,该变量的取值范围为 0—10,数量越多,市场化程度就越高。变量及其具体定义如表 7-1 所示。

---

① 樊纲,王小鲁,张立文,等.中国各地区市场化相对进程报告[J].经济研究,2003(3):9-18,89.

表 7-1 描述性统计量

变量	定义	解释
Carbon	碳排放	碳排放量
UR	人工智能化程度	机器人的使用量
Market	市场化程度	市场化指数
PD	人口密度	该省总人口与土地面积的比值
PGDP	人均国内生产总值	人均国内生产总值与该省总人口的比值
IS	产业结构	第二产业和第三产业总产值占生产总值的比例
ER	环境规制	环境保护投资占国内生产总值的百分比

六、数据来源和研究样本

本章通过研究 2006—2019 年中国 30 个省份的 UR 水平和碳排放量,进一步探讨了市场化程度的中介作用。UR 的数据来自《人工智能发展白皮书(2022 年)》;与碳排放、产业结构、人均 GDP、环境规制和人口密度有关的数据来自 EPS 数据库;市场化指数来源于中国各省份市场化指数数据库。

第三节 结果分析

一、面板回归结果

根据表 7-2,列(1)和列(4)中机器人的回归系数均为显著负值,表明人工智能减少了各省碳排放总量。人工智能发展水平的不断提高可以促进各省碳减排目标的实现。列(2)中机器人的系数显著为正,表明人工智能发展水平较高的省份比水平较低的省份排放的碳更少。列(2)中机器

人的系数 b_1 和列(3)中市场的系数 c_1 的乘积的符号为正。相比之下,列(3)中机器人的系数 c_1 的符号为负,这证明了市场化程度对 UR 有掩蔽作用。掩蔽效应的量为 $|b_1c_1/c_2|=0.0035$,这表明市场化程度在 UR 和碳排放之间起到掩蔽效应,覆盖了 UR 的碳减排效应。

表 7-2　面板模型回归结果

变量	(1)	(2)	(3)	(4)
	Carbon	Market	Carbon	Carbon
UR	−0.139**	0.0636**	−0.139**	−0.156***
	(0.06)	(0.03)	(0.06)	(0.06)
PGDP	0.580*	0.137	0.579*	0.538*
	(0.30)	(0.30)	(0.30)	(0.28)
PD	−0.077	−0.028	−0.077	−0.072
	(0.11)	(0.05)	(0.11)	(0.10)
IS	−0.136	0.0599	−0.136	−0.147
	(0.10)	(0.07)	(0.10)	(0.09)
ER	0.0464***	−0.0193	0.0466***	0.0439***
	(0.02)	(0.01)	(0.02)	(0.02)
Market			0.008	
			(0.15)	
_cons	0.994	0.436	0.991	
	(3.23)	(1.20)	(3.23)	
N	420	420	420	419
R^2	0.767	0.754	0.767	0.768

注:括号内为 t 统计量,*、**、***分别表示在 10%、5%、1%的水平上显著。

　　就直接影响而言,在信息与通信技术的帮助下,UR 的技术突破将应用于各个行业。在收集了每个环节的数据后,UR 可以从全球角度优化和调整每个环节的工作流程,以显著减少浪费,提高资源利用效率,对促进碳减排发挥积极作用。人工智能的碳减排效果主要体现在以下几个方面:一是在工业生产方面,可以利用人工智能相关技术进行生产调度,优化各个环节的效率,减少碳排放。二是通过智能交通中的工业物联网收集各种生产数据。在相关算法的帮助下,UR 可以提供建议,甚至实现自主优化。例如,"绿波速度"和"智能红绿灯"等应用利用人工智能技术捕捉道路数据并分析实时路况,缓解了道路拥堵,大幅减少了碳排放。就掩蔽效应而言,这也表明 UR 可以通过技术创新、资源配置和结构优化效应来减少碳排放。然而,现阶段中国市场化发展仍存在一些局限性。例如,在"GDP 竞争"压力下,一些省份更倾向于保护当地的高排放、高污染企业,这不利于通过价格信号进行资源的优化配置。此外,这种非市场保护措施有损于创新环境,不利于绿色技术的研发和创新,与碳减排相背而行。因此,地方政府对当地高耗能、高排放企业的"庇护"在一定程度上限制了人工智能的碳减排效果。

二、分位数回归分析

分位数回归分析结果(见表 7-3)显示,UR 对中国各省碳排放的面板分位数回归系数在统计上为负值。此外,随着碳排放分位数的增加,人工智能的系数大小呈下降趋势。这表明,随着 UR 发展水平的提高,碳排放量将继续下降;换句话说,UR 的发展水平将对中国各省碳排放产生显著的抑制效应。

表 7-3 分位数回归结果

	0.1	0.2	0.3	0.4	0.5	0.6	0.7	0.8	0.9
UR	−0.125***	−0.114***	−0.107***	−0.099***	−0.088***	−0.079***	−0.070**	−0.065**	−0.057*
	(0.04)	(0.03)	(0.026)	(0.02)	(0.02)	(0.02)	(0.03)	(0.03)	(0.03)

注:括号内为 t 统计量,*、**、***分别表示在 10%、5%、1%的水平上显著。

此外,随着碳排放分位数的增加,UR 系数的绝对值逐渐减小,负面影响也相应减弱。这表明,在低碳排放省份,人工智能的碳减排效果更为显著。这主要是因为碳排放总量较低的省份主要集中在经济相对发达或产业结构相对合理的地区,如北京、天津、上海。首先,发达的经济环境使 UR 技术更容易与工业生产中的基本设备相结合,并通过提高设备的效率在更大程度上减少碳排放。其次,UR 技术在经济发达地区对群众生活的渗透率较高,如互联网和电子商务。这大大提高了供需对接的准确性和有效性,优化了资源配置效率,显著影响了碳减排。最后,经济发达地区的市场竞争往往更加激烈,市场对人工智能技术使用的反应将更加明显和迅速,这有利于重建更合理的市场结构,消除落后产能,优化碳减排效果。

三、空间回归分析

表 7-4 和表 7-5 显示,除 2006 年使用的邻近距离矩阵和地理矩阵以及 2006 年使用的邻近距离矩阵外,莫兰指数显著为正。除了获得的结果外,其他结果拒绝了 UR 和碳排放不存在空间自相关的原始假设。碳排放和 UR 存在空间集聚,即碳排放量和 UR 较高的省份聚集在一起,碳排放量和 UR 较低的省份亦聚集在一起。

表 7-4　UR 莫兰指数

年份	邻近距离矩阵 W_1		地理距离矩阵 W_2	
	统计量	p 值	统计量	p 值
2006	0.198	0.057	0.202	0.013
2007	0.223	0.035	0.224	0.006
2008	0.207	0.049	0.218	0.008
2009	0.183	0.075	0.202	0.013
2010	0.220	0.038	0.219	0.008
2011	0.257	0.018	0.240	0.004
2012	0.331	0.003	0.283	0.001
2013	0.268	0.014	0.252	0.003
2014	0.283	0.010	0.260	0.002
2015	0.283	0.010	0.254	0.003
2016	0.280	0.011	0.249	0.003
2017	0.275	0.012	0.248	0.003
2018	0.268	0.014	0.256	0.002
2019	0.253	0.019	0.245	0.003

表 7-5　碳排放莫兰指数

年份	邻近距离矩阵 W_1		地理距离矩阵 W_2	
	统计量	p 值	统计量	p 值
2006	0.159	0.108	0.143	0.057
2007	0.144	0.132	0.162	0.032
2008	0.238	0.004	0.213	0.043
2009	0.260	0.016	0.315	0.000
2010	0.428	0.000	0.374	0.000
2011	0.309	0.004	0.306	0.000
2012	0.399	0.000	0.315	0.000
2013	0.369	0.001	0.290	0.001
2014	0.371	0.001	0.290	0.001
2015	0.189	0.063	0.235	0.004
2016	0.316	0.004	0.257	0.002
2017	0.262	0.015	0.213	0.009
2018	0.239	0.026	0.237	0.004
2019	0.209	0.048	0.188	0.020

表 7-6　LM 检验结果

变量	邻近距离矩阵 W_1		地理距离矩阵 W_2	
	统计量	p 值	统计量	p 值
LM Lag	19.739	0.000	20.412	0.000
LM Lag (Robust)	3.215	0.073	10.465	0.026
LM Error	17.575	0.000	24.190	0.000
LM Error (Robust)	10.051	0.000	5.243	0.022

与使用距离矩阵 W_2 相比,使用相邻矩阵 W_1 的莫兰指数更大。根据 LM 滞后和 LM 误差测试,SDM 模型对分析人工智能对碳排放的空间相关性和空间溢出效应是必要的。在空间相关性方面,表 7-7 列(1)、列(2)、列(3)分别显示了固定效应、时间固定效应和双向固定效应的实证结果;列(4)、列(5)是中介效应的实证结果。关于 UR 对碳排放空间相关性的影响,对所有 SDM 模型,机器人的系数在 1% 的水平上显著为负,表明特定省份 UR 的提高可以显著减少该省邻近城市的碳排放。此外,

PGDP 的系数显著为正,表明任何一个省份的经济发展都与该省和邻近省份的碳排放正相关。此外,人口密度与碳排放呈负相关。此外,产业结构系数在 1% 的水平上显著为负。环境调节系数在 1% 的水平上显著为正。

就 UR 对碳排放的空间溢出效应而言,基于 SDM 的结果,总效应是直接效应和间接效应的总和。直接效应的回归系数与空间 Durbin 模型的解释变量一致,UR 可以显著减少当地的碳排放。此外,关于间接效应的回归系数,UR 对邻近地区具有显著的空间溢出效应。UR 水平每增加 1%,相邻地区的碳排放量将平均减少 0.235%。UR 对该地区及其邻国的总影响为 0.356,这表明 UR 水平每增加 1%,就会导致所有地区的总碳排放量平均减少 0.356%。因此,可以确定人工智能的水平具有强大的空间溢出效应。

具体而言,UR 水平的提高将对该地区和周边地区的碳减排产生积极影响。这是因为人工智能技术的发展可以使当地企业通过优化资源配置和减少浪费来提高生产力和减少碳排放,最终形成劳动力流动带来的"示范效应"和"知识溢出效应",带动周边省属企业的碳减排进程,最终影响周边省份的碳排放总量。此外,当地人工智能的发展扩大了生产规模,可以为周边省份的企业提供清洁技术指导和监督,减少关联企业的碳排放。这种实质性的空间溢出将显著提高区域可持续协调发展的能力。

人均 GDP 可以显著促进该地区的碳排放,但对邻近省份的碳排放具有显著的负向空间溢出效应。此外,产业结构抑制了该地区的碳排放,但对邻近省份的影响微不足道。具体表现是,人工智能每增加 1%,对碳排放的直接影响和总影响将分别减少 0.124% 和 0.248%。人口密度对本省碳排放有显著的不利影响,但对邻近省份的碳排放没有显著的空间溢出效应。具体而言,人口密度每增加 1%,对碳排放的直接影响和总影响将分别减少 0.085% 和 0.158%。此外,中介效应模型表明,市场化程度对 UR 与碳排放之间的关系具有显著的掩蔽效应。总体而言,尽管 UR 可以依靠网络效应跨空间配置要素,通过优化资源配置促进碳减排,但各省的市场化发展程度不均衡,要素在各省之间的流动仍存在实质性的政策障碍。然而,UR 的碳减排效果仍然有限。

表 7-7　SDM 模型结果

变量		（1） Carbon	（2） Carbon	（3） Carbon	（4） Market	（5） Carbon
UR		−0.073*** (0.02)	−0.470*** (0.03)	−0.113*** (0.02)	0.047*** (0.01)	−0.118*** (0.02)
PGDP		0.712*** (0.11)	−0.026 (0.08)	0.680*** (0.10)	0.151** (0.06)	0.669*** (0.10)
PD		−0.075*** (0.03)	−0.256*** (0.05)	−0.085*** (0.03)	−0.023 (0.02)	−0.083*** (0.03)
IS		−0.119*** (0.05)	−0.592*** (0.07)	−0.121*** (0.05)	0.045 (0.03)	−0.126*** (0.05)
ER		0.0426*** (0.01)	0.236*** (0.03)	0.044*** (0.01)	−0.016** (0.01)	0.046*** (0.01)
Market						0.079 (0.08)
W_x	UR	−0.018 (0.03)	−0.014 (0.05)	−0.187*** (0.04)	0.086*** (0.03)	−0.198*** (0.048)
	PGDP	−0.015 (0.14)	−0.138 (0.14)	−0.545*** (0.18)	0.144 (0.11)	−0.566*** (0.18)
	PD	0.004 (0.06)	−0.641*** (0.13)	−0.041 (0.06)	0.083** (0.04)	−0.043 (0.06)
	IS	0.019 (0.05)	−1.053*** (0.15)	−0.086 (0.10)	0.269*** (0.06)	−0.113 (0.10)
	ER	−0.040** (0.02)	0.141** (0.07)	−0.008 (0.02)	−0.014 (0.01)	−0.006 (0.02)
	Market					0.022 (0.16)
ρ		0.352***	0.354***	0.356***	0.374***	0.358***
N		420	420	420	420	420
R^2		0.340	0.360	0.331	0.246	0.330

注：括号内为 t 统计量，*、**、***分别表示在 10％、5％、1％的水平上显著。

表 7-8　UR 在 SDM 中的直接和间接影响

因变量		(1) Carbon	(2) Carbon	(3) Carbon	(4) Market	(5) Carbon
直接效应	UR1	−0.077*** (0.02)	−0.471*** (0.03)	−0.121*** (0.02)	0.058*** (0.01)	−0.126*** (0.02)
	UR2	−0.106*** (0.02)	0.492*** (0.03)	−0.125*** (0.02)	0.054*** (0.01)	−0.127*** (0.02)
间接效应	UR1	−0.062* (0.04)	−0.052 (0.04)	−0.235*** (0.05)	0.157*** (0.04)	−0.249*** (0.05)
	UR2	−0.025 (0.04)	−0.025 (0.07)	−0.242*** (0.06)	0.164*** (0.05)	−0.243*** (0.06)
总效应	UR1	−0.139*** (0.04)	0.418*** (0.04)	−0.356*** (0.05)	0.215*** (0.04)	−0.375*** (0.05)
	UR2	−0.131*** (0.04)	0.467*** (0.08)	−0.366*** (0.07)	0.218*** (0.05)	−0.370*** (0.06)

注:括号内为 t 统计量,*、**、***分别表示在 10%、5%、1%的水平上显著。

第四节　本章小结

本章以中国 30 个省份为研究样本,利用固定效应模型和 SDM 模型探讨了 UR 对碳排放的影响及其空间溢出效应,并将市场化程度引入中介效应模型,以验证市场化程度对 UR 与碳排放间关系的具体作用机制。

一、结论

第一,UR 可以显著减少碳排放,在低碳排放的省份,UR 的碳减排效果更为显著。首先,UR 可以通过信息技术为生产设施赋能,提高工艺效率,减少资源浪费,实现碳减排。其次,借助互联网等通信技术,UR 可以在产品和要素市场实现更准确的供需对接,优化资源配置,实现正碳减排。最后,UR可通过规模效应重塑市场竞争格局,淘汰一批落后产能,减少碳排放。

第二,UR不仅会对区域内的碳减排产生积极影响,还会对周边省份的碳减排产生显著的空间溢出效应。这可能是因为劳动力流动会带来"示范效应"和"知识溢出效应"。UR赋能当地企业提高生产效率、减少碳排放,最终形成示范效应,带动周边企业积极减少碳排放。此外,相邻省份之间的劳动力流动将带来清洁技术溢出,相邻省份的碳排放得以减少。

第三,UR具有正的碳减排效应,但市场化程度具有掩蔽效应。尽管UR促进了要素市场和产品市场的流动,提高了市场化程度,但市场化程度增加了碳排放。

二、政策建议

在此基础上,本章提出以下政策建议。

第一,在人口老龄化日益加剧和出生率不断降低的背景下,要制定相关政策促进机器人产业高质量发展,利用"机器人红利"创造新的经济发展点。机器人产业的升级提高了生产效率,提高了社会福利。例如,在养老行业、长期护理等领域,UR的干预不仅可以缓解相关行业的劳动力短缺问题,还可以实现更高的服务质量,并逐步释放"机器人红利"。

第二,积极推动人工智能相关碳减排技术的发展。UR在减少碳排放方面具有预测和监测排放的功能;相关技术可用来预测未来碳排放量;此外,UR可以实时跟踪碳足迹数据,实现从生产销售到运营维护的全过程碳排放监测。

第三,政府部门应根据各地区发展水平,制定和实施具有针对性的环境规制政策。通过实地走访和调研,了解工业企业污染物排放的具体情况、污染治理的具体投入水平和具体措施,以此为切入点,加强对工业企业的监管力度。同时,结合本地区工业企业的具体发展情况,尝试实施不同的环境规制政策,以寻找最佳的环境治理点,确保在保障经济发展的同时,实现降碳减排目标。各企业部门应抓住工业智能化带来的技术革新效应和发展机遇,以技术进步为落脚点,积极提升工业设备的数字化水平,依托智能化管控,降低污染水平。

第四,各地区政府应打破行政区域壁垒。首先,在治理二氧化碳排放问题上,依托大数据、互联网等新技术手段,实现对工业企业的数字化监管,布设大量先进的环境监控设施,实现网格化管理。其次,各区域之间应积极推动数据共享、政策互通,即时监控和沟通,及时解决问题。最后,各区域之间应合理分配资源要素配置,尝试引进智能化先进技术,以促进本地区降碳减排相关治理工作。在更深层次上,更好地利用 UR 促进区域碳减排的协调发展。UR 对周边省份的碳排放具有强大的空间溢出效应。因此,政府可以在周边省份之间制定相应的人才和技术交流政策,促进清洁技术和设备等生产要素的跨区域流动,从而促进排碳区域的协调发展。

第八章　碳减排路径分析

第一节　相关案例

一、衢州"碳账户"①

衢州深入贯彻新发展理念,坚持树立"碳效论英雄"导向,创新构建涵盖能源、工业、建筑、交通、农业和居民生活六大领域的碳账户体系,以耗碳固碳数据采集应用这一"小切口",全面撬动衢州产业转型升级、能源循环利用、社会低碳环保"大变革",率先走出一条能计量、可核算的绿色低碳发展"衢州路径"。

碳账户是碳排放统计核算体系的基础,也是低碳治理的依据。只有建立标准统一、涵盖各类社会主体、实时准确记录碳排放数据的碳账户,政府才能精准实施低碳治理,社会主体才能有针对性地推进节能降碳。衢州市按照"有规依规、无规建规"原则,在遵循行业、领域碳核算办法现有规范基础上,建立了一些尚无统一标准规范的行业、领域碳排放统计核算方法,为各类社会主体建立了数字碳账户。

---

① 六大领域 233.4 万个碳账户,衢州探索低碳转型新路径——碳账户,何以成为"双碳"落地支点[EB/OL].(2021-12-26)[2023-10-16]. http://fgw.qz.gov.cn/art/2021/12/16/art_1439952_58831228.html.

一是归集＋采集，前端数据全入网。针对企业能耗数据和产量、产值、增加值、税收等经济数据分散于各部门，衢州打通部门数据壁垒，由市大数据局统筹归集，因需单向授权、加密使用。通过贯通各部门数字化应用场景和购买服务等方式，实现用电、天然气、蒸汽等能源数据自动采集；企业经济数据每月自动归集；其他涉碳数据实现每月更新。

二是规范＋创新，核算标准全覆盖。按照"有规依规、无规建规"原则，全面收集国内外关于工业、农业、个人的碳核算办法，予以规范化使用、探索性创新。目前已形成基于产品生命周期分析法（LCA）的工业碳足迹算法、农业全生命周期算法和个人碳足迹算法与低碳行为引导等理论方法学。如工业企业方面，参照联合国政府间气候变化专门委员会（IPCC）相关标准，计算企业能源碳排放量和工艺碳排放量，形成碳排放强度等完整报告；农业生产方面，联合中国农业大学，研究形成传统种植养殖、畜牧业循环利用、肥料使用等关键环节三大碳中和值测算标准，填补了国内空白。目前衢州针对六大领域及碳金融都出台了地方标准，并积极向省市场监管局提交省标立项申请。

三是分类＋贴标，精准管控全流程。依托前端采集数据和固定算法模型，由系统后台自动计算主体、个人的耗碳固碳指标，对照预设行业标准进行分类赋码、四色贴标，实行差异化管理。从行业先进性、区域贡献度、历史下降法三个维度，对企业低碳减碳进行客观评价，实行"深绿、浅绿、黄、红"四色贴标。具体以单位工业增加值碳排放强度、单位税收碳排放强度反映区域贡献度，以单位产品产量碳排放强度反映行业先进性，以指标每年的变化曲线反映企业低碳减碳努力程度。

依托碳账户，衢州开发上线了碳达峰碳中和监测、碳金融、企业用能预算化管理、"零废生活"等应用场景，形成了初步的实战实用实效成果。主要体现在三个方面：

一是辅助主管部门实时掌握碳排放强度。在"浙政钉"App中上线碳达峰碳中和监测模块，主管部门可在线查阅区域、行业、企业的排碳固碳情况。依托碳账户率先摸清了碳家底，监测出全市1158家规上企业中，单位碳排放税收贡献为好、较好、一般、差的占比分别为38.97％、21.96％、11.98％、27.09％。同时，上线用能预算化管理应用，通过开展用能预算化,从 521 家低效高耗企业中调整出 9.27 万吨标准煤用于支持 630 家优质企业,实现用能预算指标的差异化分配,推动能源要素向高效低耗和新兴产业倾斜。通过用能预算化管理平台,对规上工业企业进行后台智能分析,发现排放量激增或激减等异动时,及时发出预警,便于快速开展定点检查和实时掌握企业生产经营状况。

二是服务企业精准实施节能降碳措施。在"衢融通"平台上线碳金融服务专区,企业可实时查阅碳排放等级、减碳数值等核心数据,对照年度用能预算进行生产工艺提升、用能权交易等。2021 年,对全市 241 家贴标红色的高碳低效企业开展整治提升,腾出土地 6101.4 亩和 12 万吨标煤,并推动了 223 家企业投入 60 余亿元开展低碳化改造。如浙江明旺乳业有限公司通过该系统精准找出减排点,对低产能生产线进行升级,每年减排二氧化碳 2483.59 吨。浙江华康药业股份有限公司通过实时监测其能源消耗及碳排放情况,精准找出减排点,采取安装分布式光伏等减排措施,每年减排二氧化碳 275.51 吨。

三是引导居民个人对标绿色生活方式。利用银行支付结算系统,挖掘银行个人账户系统中蕴含的绿色支付、绿色出行、绿色生活等 18 个维度的个人低碳行为"大数据",创新形成居民"个人碳积分"。群众可查阅"碳积分"排名,凭相应分值申请提高信贷额度、降低贷款利息或直接抵扣手续费,阶段性兑换家政服务、生活用品等,以此引导群众践行绿色环保理念。柯城区上线"零废生活"应用场景,这一基于居民碳账户而开发的减碳生活场景,目前已贯通 71 个社区,拥有 13 万活跃用户,实现垃圾回收总量 1.795 万吨,累计碳减排 2.025 万吨。

二、长兴县创新碳效管理平台与"碳效码"建设应用[①]

(一)构建智慧评价,企业碳效一"码"了然

定期归集规上企业电、气、煤、油、新能源发电量、增加值、企业法人、

---

① 长兴加速推动绿色转型发展[EB/OL].(2021-6-11)[2023-10-16].http://www.zjcx.gov.cn/art/2021/6/11/art_1229211238_58931244.html.

企业工商登记等 6 大类数据需求、48 类数据项、8 套数源系统，形成碳效专题库，完成企业碳排放、增加值等数据部署。联合清华大学能源研究院等机构组建专家团队，深入开展碳效指标体系、评价标准等研究。设置企业碳效量化、区域（行业）碳效量化 2 项一级指标，进一步设置企业碳排总量、企业碳效值、企业碳中和率、企业碳效波动率、区域碳排放总量、区域碳排强度、区域碳排指数等 7 项二级指标，衡量企业或区域（行业）碳排放水平，创新提出"一码两标识"。"碳效标识"根据企业碳效值大小，确定碳效等级（由高到低依次划分 1—5 级，3 级代表行业平均水平，等级越高碳效越高。"碳中和标识"是根据企业碳中和量与企业碳排放总量的比值，得出企业碳中和率，通过在圆形二维码上进行着色，形象展示企业碳中和进程。在"浙里办·企业码"App 上开通"碳效码"专区，设立专门"碳账户"，企业可实时查询碳排放、碳效等级等一系列数据，随时了解在同行业内的排名等情况。

（二）创新数据透视，区域碳排一"数"掌握

打通"数据孤岛"，汇聚区域（行业）内企业碳耗数据，形成区域碳耗值，实现区域碳耗量化可评；从企业碳排放能耗总量中准确核减光伏等新能源发电量，提升企业加大清洁能源发电投入力度的积极性，有效降低碳排放。根据"碳耗指数＋碳效码"评价结果，精准定位高碳耗企业、乡镇，已累计预警 5 级碳效企业 88 家、"碳耗指数"异常乡镇 1 个，倒逼企业和乡镇加快转型升级。

（三）强化集成应用，多措助力双"碳"达标

发展和改革局：根据企业碳效等级差别化实施电力交易、有序用电等工作；经信局：把"碳效码"与绩效评价、资源要素配置、绿色工厂评价和工业政策奖励有机结合，对碳效低的企业开展节能诊断服务；生态环境局：把"碳效码"与碳总量控制、碳削减量等有机结合，引导督促工业企业根据"碳效码"等级差别化制定降碳减量计划；金融办：引导金融机构针对性开展绿色金融服务，对高碳效企业和技改升级项目给予贷款利率优惠。

（四）落实闭环管理，多措并举实现双"向"效应

通过汇集企业不同种类能源数据，计算形成碳排放量，与企业增加值

进行比对,智能分析评价,形成碳效等级,精准推送普惠贷、节能改造等政策服务,从正向激励、反向倒逼两个维度将指导意见精准推送给企业,督促问题企业整改提升,加快转型发展,形成管理闭环。

第二节　政策建议

当前,我国正加快实现"碳达峰",对此,我们必须统筹施策、多方并举,综合运用经济、技术、行政等多种手段,在加速"碳中和"的发展进程中实现产业的跨越式升级,在绿色低碳转型中实现经济的高质量发展。

一、多措并举助力减碳工作

(一)资源提质增效助力减碳工作

减碳工作的基础是提高能源使用效率。要抓牢资源利用这个本源,全面发展循环经济,大力提高资源利用效率,降低资源的消耗,推动减污降碳协同增效。当前,要抓住工业园区节能降耗这个"牛鼻子",以高耗能行业为重点,对工业园区、企业进行技术改造,并通过工业资源综合利用基地建设、节能降碳技术改造,推进工业固废规模化综合利用、再生资源高效循环利用,有效增强低碳初级产品供给和节能降碳技术装备推广应用,真正建立起适应大规模生产需要的绿色低碳循环体系。聚焦工业园区绿色改造,建立有进有出的绿色低碳工业园区,形成工厂建设评价动态调整机制,初步实现了对绿色制造名单的动态化管理,以及对绿色制造体系的梯度化培育。

(二)结构升级优化助力减碳工作

减碳工作的关键是升级用能结构。我国能源结构以化石能源为主,煤炭消费量大,立足能源供给现状,正视能源使用量短期内难以下降的现实,一方面通过调整能源结构,控制和减少煤炭等化石能源消费,扩大非化石能源应用比例,加快发展多元协同发展的清洁能源供应体系;另一方面通过产业结构深度调整、产业技术升级、产业链转型等措施,淘汰落后产能,推动新能源行业延伸发展,促使高耗能行业向产业链高端延伸,提高全行业能源使用效率。当前,要加快完善天然气基础设施,积极拓展气源供应渠道,形成海陆并举、多方气源、储用平衡的安全保供格局,建立与天然气消费快速增长相适应的气源保障体系,推动用能结构升级。

(三)碳市场完善建设助力减碳工作

减碳工作的保障是建立完善的碳交易市场。碳市场设定了强制性的碳排放总量目标,又允许进行碳配额交易,兼具政策工具和市场工具的属性,是一种可持续的碳减排工具。市场化的减碳机制,与传统的财政补贴政策相比,既使得碳排放的隐性成本显性化、外部成本内部化,又能从根本上促进技术创新,倒逼企业转型升级。对此,要用好用足碳市场的直接融资功能,鼓励资本引入低碳节能技术的研发和应用环节,缓解企业绿色低碳转型的资金压力。

(四)数字化转型赋能助力减碳工作

减碳工作的利器是数字化技术。数字化技术通过对企业或个体碳排放的有效追踪、监测、盘查和核算,实现碳排放量的可计算、可追溯。依托浙江数字化改革先发优势,积极构建碳排放监测、核实、认定、交易的闭环体系,促进数字化和双碳工作的深度融合。当前,要着力解决数字化"轻资产"破解能源领域"重资产"的传输时空损耗难题,积极打造"数据多源、纵横贯通、高效协同、治理闭环"的碳达峰碳中和数智平台,全面反映碳达峰碳中和行动进展,实现"碳"的可知、可测、可捕、可存,为减碳降耗工作插上数字化的"隐形翅膀。

(五)数字化转型赋能减污降碳协同增效

数字化转型是减污降碳协同增效的新引擎,必须发挥数字化的赋能作用,加强对减污降碳的数字治理和数字保障。要充分放大数字手段精确特性,依托一体化智能公共数据平台以及电力系统网络,有效监测重点企业二氧化碳排放量、污染物浓度,为减污降碳提供科学依据。要通过发挥城市大脑集成运算功能,将城市管理和数字化技术相结合,构建减污降碳指数,围绕数据、核算方法等关键事项建立统一的减污降碳数智平台,大力建设规范体系、数据标准体系、核算方法体系,规范减污降碳应用场景建设上线集成流程,以标准化、规范化促进数据资源深度融合、跨应用共建共享,实现对减污降碳指数核算、预测、评价、足迹、承载力评估。

(六)绿色用能结构调整推动减污降碳协同增效

绿色用能是减污降碳的关键一招,必须充分发挥用能管理的牵引性作用,推动产业结构、生活方式的绿色转型。要积极推动能源供给端电力向非化石能源转型,以分布式能源网络、广域能源网络、智能电网、超导电网为核心,建立新一代能源体系,驱动"电力清洁化"+"非电清洁化"用电结构清洁化转型,当前尤其要通过火电灵活性调峰、智能电网及时调度、电化学储能随时保障等综合手段,多管齐下,多能互补支持能源结构转型升级。同时,要在能源需求端加强管理,优化新能源跨区域、跨省调度机制,解决存量,消纳增量。持续推进"扩气、强非、控煤、增核、外引"能源战略,构建多元清洁能源供应体系,提高能源加工、转换、终端消费全过程能源利用效率,保证能源供应安全。

(七)环保科技突破加速减污降碳协同增效

环保科技是减污降碳的金钥匙,必须充分发挥科技进步的带动作用,实现节能降耗关键核心技术的自主创新与突破。当前,要加快推广可再生能源发电技术,加大研发大规模储能技术和零碳电力技术,超前部署CCUS技术和生态碳汇技术,持续推进煤电机组提效和零碳非电能源技术发展,打造氢能技术研发和应用示范。要通过技术创新有效抑制农业污染面源,加快推广碳基肥农田降氮稳碳技术,持续推进生物农药技术和育种改良技术,推广水肥一体化技术,努力为绿色低碳发展提供战略技术支撑。

(八)绿色金融助力减污降碳协同增效

绿色金融是减污降碳协同增效的催化剂,必须发挥金融政策的引导作用,鼓励金融机构和社会资本加大对减污降碳项目的投融资力度,为绿色发展提供源源不断的资金支持。要完善能源辅助服务市场的定价机制，启动建立现货市场交易体系，推广储能示范项目，不断释放市场机制优化资源配置的激励力量。要完善绿色金融的政策体系，从政策层面解决推广煤改气、煤改电过程中的配套问题。要建立各种金融产品的统一界定标准，建立系统性的绿色金融体系框架，建立与国际标准兼容的标准制定和项目认定流程。要大力发展第三方认证机构，建立有约束力的绿色信息披露机制，完善激励政策，促进绿色金融市场全面发展，加强社会绿色理念培养，金融机构"服务"和"引导"并重，将各环节风险纳入审慎监管政策考量。

二、碳排双控发掘产业机遇

2023 年 7 月 11 日中央全面深化改革委员会第二次会议指出，要完善能源消耗总量和强度调控，逐步转向碳排放总量和强度双控制度。随着我国持续推进"双碳"目标并基本完成"1＋N"的顶层设计，能耗双控存在的一些弊端和不足逐渐显现。从能耗双控向碳排放双控的转变并非一蹴而就，对碳排放总量的控制在统筹经济发展和转化产业机遇方面面临新的挑战和形势变化。为充分发挥这一转变的潜力并抓住产业机遇，对经济的高质量发展来说，需要充分利用和引领这一转变，确保能源消耗与碳排放控制相互协调，抓牢产业机遇，确保经济的可持续发展。

（一）要坚持产业政策"指挥棒"

"碳机遇"和"碳危机"即将成为我们发展转型中的机遇和挑战，未来发展主要取决于自身产业的决策和行动。为应对这一挑战，需要将绿色低碳和节能减排置于突出位置，建立并贯彻能源消耗总量和强度双控制度，从而有力促进我国能源利用效率的大幅提升和二氧化碳排放强度的持续降低。完善能耗双控制度，优化调控方式，加强碳排放双控基础能力建设，健全碳排放双控各项配套制度，为建立和实施碳排放双控制度积极创造条件，确保系统的高效运行。围绕服务构建新发展格局，调整产业结构，推进清洁能源替代，提高水电、风电、太阳能发电等应用比重，加快再生有色金属产业发展,健全碳排放双控各项配套制度,为建立和实施碳排放双控制度积极创造条件,建设更高水平的开放型经济新体制。

(二)要坚持技术转型"加速键"

随着碳排放形势与政策的变化,产业更需要技术来创新协调、促进结构转型升级。对传统产业加快技术改造,大力发展包括煤炭加工技术、清洁煤气化技术、煤炭转化技术以及污染控制与废弃物处理等技术,实行超低排放改造,深挖节能降碳潜力,鼓励钢化联产,探索开展氢冶金、二氧化碳捕集利用一体化等试点示范,推进传统燃煤电厂等产业生态逐步有序地退出。大力开发使化石能源得到高效清洁利用的技术,用先进节能降耗技术、清洁技术高效化和清洁化地改造传统化石能源,推广节能技术设备,开展能源管理体系建设,实现节能增效,发展生产工艺节能技术。加快推动5G、物联网、大数据、区块链等技术的创新,并将其应用于新能源体制机制建设中。同时,努力建设智能电网系统,推进智慧城市建设,建立低碳交通运输系统,逐步实现建筑减碳。我们也应该致力于创新氢能技术,发展新一代风能、光伏、地热能、海洋能、生物质能、核能发电技术以及蓄电池技术等新能源绿色技术。此外,加快生物技术的创新,并进一步扩大森林、耕地、草原、海洋的固碳能力。通过城镇生态系统的碳汇保护与提升,推动二氧化碳资源化利用。在建设过程中,需合理安排时序和布局调整,严格控制新增炼油和传统煤化工生产能力,稳妥有序地发展现代煤化工。努力实现经济的绿色、低碳、循环发展,以高质量协同发展为目标,通过科技创新解决环境与发展之间出现的矛盾。

(三)要坚持市场机制"无形手"

无论是采取能耗双控还是碳排放双控的行动,其最终指向的目标和愿景都是如期实现碳达峰。从能耗双控转向碳排放双控也直击当前部分中西部绿色能源大省的发展弱势,传统的高载能产业能否实现高质量产出、碳达峰考核指标强度将如何考量,这些都将是能源消费和战略导向的关键问题。通过市场机制解决温室气体减排问题的新路径,从经济和市场两方面倒逼企业进行减排,深化钢铁行业供给侧结构性改革,严格执行产能置换,严禁新增高耗能产能,用消费引领、倒逼产业节能增效。推进钢铁企业跨地区、跨所有制兼并重组，提高钢铁行业集中度，优化炼钢生产力布局，提升废钢资源回收利用水平，推行全废钢电炉工艺。加快推进传统火电产业"高效化、清洁化、减量化"发展，探索"电热为主、多能互补"发展模式，逐步摆脱电力行业整体对化石燃料的依赖，优化产能规模和布局，加大对落后产能的淘汰力度，有效化解结构性过剩矛盾，鼓励企业节能升级改造，推动能量梯级利用、物料循环利用，有效衔接碳市场、电力辅助服务等市场。提高全国碳市场活跃度和丰富性，扩大碳市场的行业覆盖范围和市场交易主体数量，逐步将石化、化工、建材、钢铁、有色金属、造纸、国内民用航空等七大高耗能高排放行业纳入到当前碳交易市场当中，扩大碳市场交易体量。稳健探索推出碳期货、碳期权等金融工具的可行性，完善并丰富碳市场交易品种体系。加快完善碳排放交易制度，逐步改变当前仅以高碳排放企业为主体的交易市场格局，降低碳排放企业入市交易门槛，引入社会力量全面提升碳市场交易活跃度。

（四）要完善相应的基础能力

其中，重要的一步是建设我国各级政府部门在碳排放数据核算方面的基础能力，以确保能够全面了解和准确把握相关数据。这需要做到"心中有数"和"设备有量"，意味着要完善基础数据质量，将工业过程排放纳入统计范围，以实现碳排放数据的客观统计。凭借"双碳"基础能力的强化确保碳排放双控目标的顺利完成，并为各地区产业提供绿色发展的空间。为了实现碳排放双控目标，相关业务政策应倾斜于清洁能源开发、清洁能源基础设施升级、绿色服务等产业项目。此外，应加大新能源规划开发，促进清洁能源的发展。通过协同发力，加快形成绿色的生产和生活方式，以确保碳排放双控目标的落实，推进产业转型升级。

参考文献

[1]陈东,秦子洋.人工智能与包容性增长——来自全球工业机器人使用的证据[J].经济研究,2022(4):85-102.

[2]陈晓红,胡东滨,曹文治,等.数字技术助推我国能源行业碳中和目标实现的路径探析[J].中国科学院院刊,2021(9):1019-1029.

[3]邓荣荣,张翱祥.中国城市数字经济发展对环境污染的影响及机理研究[J].南方经济,2022(2):18-37.

[4]邓玉萍,王伦,周文杰.环境规制促进了绿色创新能力吗?——来自中国的经验证据[J].统计研究,2017(7):1-11.

[5]丁松,李若瑾.数字经济、资源配置效率与城市高质量发展[J].浙江社会科学,2022(8):11-21,156.

[6]恩莱特.助力中国发展——外商直接投资对中国的影响[M].闫雪莲,张朝辉,译.北京:中国财政经济出版社,2017.

[7]樊纲,王小鲁,张立文,等.中国市场化指数:各地区市场化相对进程报告[J].经济研究,2003(3):9-18+89.

[8]方湖柳,潘娴,马九杰.数字技术对长三角产业结构升级的影响研究[J].浙江社会科学,2022(4):25-35,156-157.

[9]方恺,何坚坚,张佳琪.博台线作为中国区域发展均衡线的佐证分析——以城市温室气体排放为例[J].地理学报,2021(12):3090-3102.

[10]郭炳南,王宇,张浩.数字经济发展改善了城市空气质量吗?——基于国家级大数据综合试验区的准自然实验[J].广东财经大学学报,2022(1):58-74.

[11]郭朝先,王嘉琪,刘浩荣."新基建"赋能中国经济高质量发展的路径研究[J].北京工业大学学报(社会科学版),2020(6):13-21.

[12]侯新烁,张宗益,周靖祥.中国经济结构的增长效应及作用路径研究[J].世界经济,2013(5):88-111.

[13]胡鞍钢.中国实现2030年前碳达峰目标及主要途径[J].北京工业大学学报(社会科学版),2021(3):1-15.

[14]胡剑波,任香,高鹏.中国省际贸易、国际贸易与低碳贸易竞争力的测度研究[J].数量经济技术经济研究,2019(9):42-60.

[15]黄群慧,余泳泽,张松林.互联网发展与制造业生产率提升:内在机制与中国经验[J].中国工业经济,2019(8):5-23.

[16]黄群慧.改革开放40年中国的产业发展与工业化进程[J].中国工业经济,2018(9):5-23.

[17]黄寿峰.财政分权对中国雾霾影响的研究[J].世界经济,2017(2):127-152.

[18]黄永明,陈小飞.中国贸易隐含污染转移研究[J].中国人口·资源与环境,2018(10):112-120.

[19]金环,于立宏.数字经济、城市创新与区域收敛[J].南方经济,2021(12):21-36.

[20]李虹,邹庆.环境规制、资源禀赋与城市产业转型研究——基于资源型城市与非资源型城市的对比分析[J].经济研究,2018(11):182-198.

[21]李晖,姜文磊,唐志鹏.全球贸易隐含碳净流动网络构建及社团发现分析[J].资源科学,2020(6):1027-1039.

[22]李晖,刘卫东,唐志鹏.全球贸易隐含碳净转移的空间关联网络特征[J].资源科学,2021(4):682-692.

[23]李金铠,马静静,魏伟.中国八大综合经济区能源碳排放效率的区域差异研究[J].数量经济技术经济研究,2020(6):109-129.

[24]陆琳忆,胡森林,何金廖,等.长三角城市群绿色发展与经济增长的关系——基于脱钩指数的分析[J].经济地理,2020(7):40-48.

[25]罗芳,郭艺,魏文栋.长江经济带碳排放与经济增长的脱钩关系——

基于生产侧和消费侧视角[J].中国环境科学,2020(3):1364-1373.

[26]缪陆军,陈静,范天正,吕雁琴.数字经济发展对碳排放的影响:基于278个地级市的面板数据分析[J].南方金融,2022(2):45-57.

[27]潘安.全球价值链视角下的中美贸易隐含碳研究[J].统计研究,2018(1):53-64.

[28]邵海琴,王兆峰.中国交通碳排放效率的空间关联网络结构及其影响因素[J].中国人口·资源与环境,2021(4):32-41.

[29]孙耀华,李忠民.中国各省区经济发展与碳排放脱钩关系研究[J].中国人口·资源与环境,2011(5):87-92.

[30]涂正革.中国的碳减排路径与战略选择——基于八大行业部门碳排放量的指数分解分析[J].中国社会科学,2012(3):78-94,206-207.

[31]汪伟,刘玉飞,彭冬冬.人口老龄化的产业结构升级效应研究[J].中国工业经济,2015(11):47-61.

[32]王安静,孟渤,冯宗宪,等.增加值贸易视角下的中国区域间碳排放转移研究[J].西安交通大学学报(社会科学版),2020(2):85-94.

[33]王杰,李治国,谷继建.金砖国家碳排放与经济增长脱钩弹性及驱动因素——基于Tapio脱钩和LMDI模型的分析[J].世界地理研究,2021(3):501-508.

[34]王林辉,胡晟明,董直庆.人工智能技术会诱致劳动收入不平等吗?——模型推演与分类评估[J].中国工业经济,2020(4):97-115.

[35]王爽,马景义.基于泊松对数线性模型企业创新产出能力研究[J].统计与决策,2014(19):59-62.

[36]王文举,向其凤.中国产业结构调整及其节能减排潜力评估[J].中国工业经济,2014(1):44-56.

[37]王宪恩,赵思涵,刘晓宇,等.碳中和目标导向的省域消费端碳排放减排模式研究——基于多区域投入产出模型[J].生态经济,2021(5):43-50.

[38]王向进,杨来科,钱志权.制造业服务化、高端化升级与碳减排[J].国际经贸探索,2018(7):35-48.

[39]王永钦,董雯.机器人的兴起如何影响中国劳动力市场?——来自制造业上市公司的证据[J].经济研究,2020(10):159-175.

[40]王正明,温桂梅.国际贸易和投资因素的动态碳排放效应[J].中国人口·资源与环境,2013(5):143-148.

[41]温忠麟.调节效应和中介效应分析[M].北京:教育科学出版社,2012.

[42]吴翌琳,王天琪.数字经济的统计界定和产业分类研究[J].统计研究,2021(6):18-29.

[43]谢云飞.数字经济对区域碳排放强度的影响效应及作用机制[J].当代经济管理,2022(2):68-78.

[44]应璇,孙济庆.基于专利数据分析的高校技术创新能力研究[J].现代情报,2011(9):165-168.

[45]余娟娟,龚同.全球碳转移网络的解构与影响因素分析[J].中国人口·资源与环境,2020(8):21-30.

[46]余丽丽,彭水军.中国区域嵌入全球价值链的碳排放转移效应研究[J].统计研究,2018(4):16-29.

[47]禹湘,陈楠,李曼琪.中国低碳试点城市的碳排放特征与碳减排路径研究[J].中国人口·资源与环境,2020(7):1-9.

[48]原嫄,周洁.中国省域尺度下产业结构多维度特征及演化对碳排放的影响[J].自然资源学报,2021(12):3186-3202.

[49]张成,蔡万焕,于同申.区域经济增长与碳生产率——基于收敛及脱钩指数的分析[J].中国工业经济,2013(5):18-30.

[50]张德钢,陆远权.中国碳排放的空间关联及其解释——基于社会网络分析法[J].软科学,2017(4):15-18.

[51]张华明,元鹏飞,朱治双.黄河流域碳排放脱钩效应及减排路径[J].资源科学,2022(1):59-69.

[52]张同斌,孙静."国际贸易—碳排放"网络的结构特征与传导路径研究[J].财经研究,2019(3):114-126.

[53]张友国.碳排放视角下的区域间贸易模式:污染避难所与要素禀赋[J].中国工业经济,2015(8):5-19.

[54]中国气象局. 中国气候变化蓝皮书[M]. 北京:科学出版社,2021.

[55]Acemoglu D, Lelarge C, Restrepo P. Competing with robots: firm-level evidence from France[J]. American Economic Association, 2020,110:383-388.

[56]Ahmad A, Zhao Y, Shahbaz M et al. Carbon emissions, energy consumption and economic growth: an aggregate and disaggregate analysis of the Indian economy [J]. Energy Policy, 2016, 96: 131-143.

[57]Ahmad N, Du L, Lu J et al. Modelling the CO_2 emissions and economic growth in Croatia: is there any environmental Kuznets curve? [J]. Energy,2017,123:164-172.

[58]Aigner D, Lovell C A K, Schmidt P. Formulation and estimation of stochastic frontier production functionmodels [J]. Journal of Econometrics,1977(1):21-37.

[59]Albornoz F, Cabrales A. Decentralization, political competition andcorruption[J]. Journal of Development Economics,2013,105: 103-[J].

[60]Al-Mulali U, Fereidouni H G, Lee J Y M et al. Exploring the relationship between urbanization, energy consumption, and CO_2 emission in MENA countries [J]. Renewable and Sustainable Energy Reviews,2013(23):107-112.

[61]Anderson T W, Hsiao C. Formulation and estimation of dynamic models using paneldata[J]. Journal of Econometrics,1982(1):47-82.

[62]Anselin L, Bera A K. Spatial dependence in linear regression models with an introduction to spatialeconometrics[J]. Statistics Textbooks and Monographs,1998,155:237-290.

[63]Antweiler W, Copeland B R, Taylor M S. Is free trade good for the environment? [J]. AmericanEconometric Review,2001(4):877-908.

[64]Anwar S, Sun S. Heterogeneity and curvilinearity of FDI-related

productivity spillovers in China's manufacturingsector [J]. Economic Modelling, 2014, 41:23-32.

[65] Apergis N, Ozturk I. Testing environmental Kuznets curve hypothesis in Asian countries[J]. Ecological Indicators, 2015, 52:16-22.

[66] Arellano cM, Bover O. Another look at the instrumental variable estimation of error-componentsmodels[J]. Journal of Econometrics, 1995(1):29-51.

[67] Arellano M, Bond S. Some tests of specification for panel data: Monte Carlo evidence and an application to employmentequations [J]. The Review of Economic Studies, 1991(2):277-297.

[68] Arrow K. Political and economic evaluation of social effects andexternalities[J]. The Analysis of Public Output, NBER, 1970 (2):1-30.

[69] Atici C. Carbon emissions, trade liberalization, and the Japan-ASEAN interaction: a group-wise examination[J]. Journal of the Japanese and International Economies, 2012(1):167-178.

[70] Bahl R W, Wallich C. Intergovernmental fiscal relations in China [R]. IMF Working Papers, 2005.

[71] Balestra P, Nerlove M. Pooling cross section and time series data in the estimation of a dynamic model: the demand for natural gas[J]. Econometrica: Journal of the Econometric Society, 1966 (6): 585-612.

[72] Bardhan P, Mookherjee D. Capture and governance at local and national levels[J]. American Econometric Review, 2000, 90:135-139.

[73] Bera A K, McAleer M, Pesaran M H et al. Joint tests of non-nested models and general error specifications [J]. Econometric Reviews, 1992(1):97-117.

[74] Berglas E. On the theory ofclubs[J]. The American Econometric Review, 1976(2):116-121.

[75]Bin X, Jiangyong L U. Foreign direct investment, processing trade, and the sophistication of China's exports[J]. China Econometric Review, 2009(3):425-439.

[76]Bird R M. Threading the fiscal labyrinth: some issues in fiscal decentralization[J]. National Tax Journal, 1993(2):207-227.

[77]Birdsall N, Wheeler D. Trade policy and industrial pollution in Latin America: where are the pollution havens? [J]. The Journal of Environment & Development, 1993(1):137-149.

[78]Blundell R, Bond S. Initial conditions and moment restrictions in dynamic panel datamodels[J]. Journal of Econometrics, 1998(1): 115-143.

[79]Bosseboeuf D, Chateau B, Lapillonne B. Cross-country comparison on energy efficiency indicators: the on-going European effort towards a common methodology[J]. Energy Policy, 1997(7-9):673-682.

[80]Breton A. Competitive governments: an economic theory of politics and public finance[M]. Cambridge: Cambridge University Press, 1998.

[81]Brock P. Pacifism in the United States: from the Colonial Era to the First World War[M]. Princeton: Princeton University Press, 2015.

[82]Burridge R. The Gelfand-Levitan, the Marchenko, and the Gopinath-Sondhi integral equations of inverse scattering theory, regarded in the context of inverse impulse-response problems[J]. Wave Motion, 1980(4):305-323.

[83]Casey G, Galor O. Is faster economic growth compatible with reductions in carbon emissions? the role of diminished population growth[J]. Environmental Research Letters, 2017(1):014003.

[84]Cavalieri M, Ferrante L. Does fiscal decentralization improve health outcomes? evidence from infant mortality in Italy[J]. Social Science & Medicine, 2016, 164:74-88.

[85]Charnes A, Cooper W W, Rhodes E. Measuring the efficiency of

decision-makingunits[J]. European Journal of Operational Research, 1978(6):429-444.

[86]Chen W, Geng W. Fossil energy saving and CO_2 emissions reduction performance, and dynamic change in performance considering renewable energyinput[J]. Energy,2017,120:283-292.

[87]Cheung K, Ping L. Spillover effects of FDI on innovation in China: evidence from the provincial data[J]. China Economic Review,2004 (1):25-44.

[88]Chung J H. Bei,jing confronting the provinces: the 1994 tax-sharing reform and its implications for central-provincial relations in China [J]. China Information,1994(2-3):1-23.

[89]Cliff N. Scaling[J]. Annual Review of Psychology,1973(1):473-506.

[90]Copeland B R, Taylor M S. North-South trade and theenvironment [J]. The Quarterly Journal of Economics,1994(3):755-787.

[91]Cui L, Fan Y, Zhu L, Bi Q. How will the emissions trading scheme savecost for achieving China's 2020 carbon intensity reduction target? [J]. Applied Energy,2014,136:1043-1052.

[92]Danish, Ulucak, Khan et al. Mitigation pathways toward sustainable development: is there any trade-off between environmental regulation and carbon emissions reduction? [J]. Sustainable Development, 2020, 28: 813-822.

[93]Démurger S, Sachs J D, Woo W T et al. Geography, economic policy, and regional development in China[J]. Asian Economic, 2002(1):146-197.

[94]Di Maria C, Lazarova E A. Migration, human capital formation, and growth: an empirical investigation[J]. World Development, 2012(5):938-955.

[95]Diao X D, Zeng S X, Tam C M et al. EKC analysis for studying economic growth and environmental quality: a case study in China

[J]. Journal of Cleaner Production,2009(5):541-548.

[96]Dietz T, Rosa E A. Effectsof population and affluence on CO_2 emissions[J]. Proceedings of the National Academy of Sciences, 1997(1):175-179.

[97]Donglan Z, Dequn Z, Peng Z. Driving forces of residential CO_2 emissions in urban and rural China:an index decomposition analysis [J]. Energy Policy,2010(7):3377-3383.

[98]Du Q, Zhou J, Pan T, Sun Q, Wu M. Relationship of carbon emissions and economic growth in China's constructionindustry[J]. Journal of Cleaner Production,2019,220:99-109.

[99]Ehrlich P R, Holdren J P. Impact of Population Growth: Complacency concerning this component of man's predicament is unjustified and counterproductive[J]. Science,1971,171:1212-1217.

[100]Figliozzi M, Jennings D. Autonomous delivery robots and their potential impacts on urban freight energy consumption and emissions[J]. Transportation Research Procedia,2020,46:21-28.

[101]Florides G A, Christodoulides P. Global warming and carbon dioxide throughsciences[J]. Environment International,2009(2): 390-401.

[102]Fried H O, Lovell C A K, Schmidt S S et al. Accounting for environmental effects and statistical noise in data envelopment analysis[J]. Journal of Productivity Analysis,2002(1):157-174.

[103]Galloway E, Johnson E P. Teaching an old dog new tricks: firm learning from environmental regulation[J]. Energy Economics, 2016;59:1-10.

[104]Goodspeed T J. On the importance of public choice in migration models[J]. Economics Letters,1998,59:373-379.

[105]Goulder L H, Parry I, Burtraw D. Revenue-raising vs. other approaches to environmental protection: the critical significance of

pre-existing tax distortions[R]. NBER Working Papers,1996.

[106]Goulder L H. Environmentaltaxation and the double dividend:a reader's guide[J]. International Tax and Public Finance,1995(2): 157-183.

[107]Grossman G M, Krueger A B. Economic growth and theenvironment [J]. The Quarterly Journal of Economics,1995(2):353-377.

[108]Grossman G M, Krueger A B. Environmental impacts of a North American free trade agreement[R]. CEPR Discussion Papers, 1992:223-250.

[109]Guo X, Fang C. How does urbanization affect energy carbon emissions under the background of carbon neutrality? [J]. Journal of Environmental Management,2023,327:116878.

[110]Guo Y, Chen B, Li Y et al. The co-benefits of clean air and low-carbon policies on heavy metal emission reductions from coal-fired power plants in China[J]. Resources, Conservation and Recycling, 2022,181:106258.

[111]Hale G, Long C. Did foreign direct investment putan upward pressure on wages in China? [J]. IMF Econometric Review,2011 (3):404-430.

[112]Hansen L P. Large sample propertiesof generalized method of moments estimators[J]. Econometrica:Journal of the Econometric Society, 1982(4):1029-1054.

[113]Hausman J A. Specifification tests [J]. Econometrica:Journal of the Econometric Society,1978,46,1251-1271.

[114]He, Qichun. Fiscal decentralization and environmental pollution: evidence from Chinese panel data [J]. China Econometric Review 2015,36:86-100.

[115]Helpman E, Melitz M J, Yeaple S R. Export versus FDI with heterogeneous firms[J]. American Econometric Review,2004 (1):

300-316.

[116]Henriques S T, Borowiecki K J. The drivers of long-run CO_2 emissions in Europe, North America and Japan since 1800[J]. Energy Policy, 2017,101:537-549.

[117]Holtz-Eakin D, Newey W, Rosen H S. Estimating vector autoregressions with paneldata[J]. Econometrica: Journal of the Econometric Society,1988,56:1371-1395.

[118]Honma S, Hu J L. A panel data parametric frontier technique for measuring total-factor energy efficiency: an application to Japanese regions[J]. Energy,2014,78:732-739.

[119]Huang H, Yi M, Impacts and mechanisms of heterogeneous environmental regulations on carbon emissions: an empirical research based on DID method[J]. Environmental Impact Assessment Review,2023,99:107039.

[120]Huang X, Tian P. How does heterogeneous environmental regulation affect net carbon emissions: spatial and threshold analysis for China[J]. Journal of Environmental Management, 2023,330:117161.

[121]Ito B, Yashiro N, Xu Z et al. How do Chinese industries benefit from FDI spillovers? [J]. China Econometric Review,2012(2):342-356.

[122]Jacobs B, De Mooi,j R A. Pigou meets mirrlees: on the irrelevance of tax distortions for the second-best Pigouviantax[J]. Journal of Environmental Economics and Management,2015,71:90-108.

[123]Jeong H W. Peace and conflict studies: an introduction[M]. New York: Routledge,2017.

[124]Jiang X T, Su M, Li R. Decomposition analysisin electricity sector output from carbon emissions in China[J]. Sustainability, 2018 (9):3251.

[125]Jin T, Kim J. A comparative study of energy and carbon efficiency

for emerging countries using panel stochastic frontier analysis[J]. Scientific Reports,2019(1):1-8.

[126]Jondrow J, Lovell C A K, Materov I S et al. On the estimation of technical inefficiency in the stochastic frontier production function model[J]. Journal of Econometrics,1982(2-3):233-238.

[127]Jorgenson A K, Dick C, Mahutga M C. Foreign investment dependence and the environment: an ecostructural approach[J]. Social Problems, 2007(3):371-394.

[128]Kang Y Q, Zhao T, Yang Y Y. Environmental Kuznets curve for CO_2 emissions in China: a spatial panel data approach [J]. Ecological Indicators,2016,63:231-239.

[129]Kearsley A, Riddel M. A further inquiry into the pollution haven hypothesis and the environmental Kuznetscurve [J]. Ecological Economics, 2010(4):905-919.

[130]Keen M, Marchand M. Fiscal competition and the pattern of publicspending[J]. Journal of Public Economics,1997(1):33-53.

[131]Koenker R, Bassett Jr G. Regressionquantiles[J]. Econometrica: Journal of the Econometric Society,1978(1):33-50.

[132]Koenker R. Quantile regression for longitudinaldata[J]. Journal of Multivariate Analysis,2004(1):74-89.

[133]Kogut B, Chang S J. Technological capabilities and Japanese foreign direct investment in the United States[J]. The Review of Economics and Statistics,1991(3):401-413.

[134]Kohli R, Melville N P. Digital innovation: a review and synthesis [J]. Information Systems Journal,2019(1):200-223.

[135]Lange S, Pohl J, Santarius T. Digitalization and energy consumption. Does ICT reduce energy demand? [J]. Ecological Economics, 2020,176:106760.

[136]Lee J W. The contribution of foreign direct investment to clean

energy use, carbon emissions and economicgrowth[J]. Energy Policy,2013,55:483-489.

[137]Levinson A, Taylor M S. Unmaskingthe pollution haven effect [J]. International Econometric Review,2008(1):223-254.

[138]Li J, Li S. Energy investment, economic growth and carbon emissions in China: empirical analysis based on spatial Durbin model[J]. Energy Policy,2020,140:111425.

[139]Li J, Lin B. Ecological total-factor energy efficiency of China's heavy and light industries: which performs better? [J]. Renewable and Sustainable Energy Reviews,2017,72:83-94.

[140]Li M, Li Q, Wang Y, Chen W. Spatial path and determinants of carbon transfer in the process of inter provincial industrial transfer in China [J] Environmental Impact Assessment Review, 2022, 95:106810.

[141]Li N, Jiang Y, Yu Z et al. Analysis of agriculture total-factor energy efficiency in China based on DEA and Malmquist indices [J]. Energy Procedia,2017,142:2397-2402.

[142]Li T, Wang Y, Zhao D. Environmental Kuznets curve in China: new evidence from dynamic panelanalysis[J]. Energy Policy,2016, 91:138-147.

[143]Li Z, Wang J. The dynamic impact of digital economy on carbon emission reduction: evidence city-level empirical data in China[J]. Journal of Cleaner Production,2022,351:131570.

[144]Lin B, Wang C. Does industrial relocation affect regional carbon intensity? Evidence from China's secondary industry[J]. Energy Policy,2023,173:113339.

[145]Lin B, Zhang G. Energy efficiencyof Chinese service sector and its regional differences[J]. Journal of Cleaner Production,2017,168: 614-625.

[146]Liu J，Liu L，Qian Y et al. The effect of artificial intelligence on carbon intensity：evidence from China's industrial sector［J］. Socio-Economic Planning Sciences,2022,83:101002.

[147]Liu J，Yang Q，Zhang Y et al. Analysis of CO_2 emissions in China's manufacturing industry based on extended logarithmic mean division index decomposition［J］. Sustainability，2019 (11):226.

[148]Liu L，Ding D，He J. Fiscal decentralization，economic growth, and haze pollution decoupling effects：a simple model and evidence from China[J]. Computational Economics,2017(4):1-19.

[149]Liu W，Xu X，Yang Z et al. Impacts of FDI renewable energy technology spillover on China's energy industry performance[J]. Sustainability，2016(9):846.

[150]Liu Z，Guan D，Wei W et al. Reduced carbon emission estimates from fossil fuel combustion and cement production in China[J]. Nature，2015,524:335-338.

[151]Ma Q，Tariq M，Mahmood H et al. The nexus between digital economy and carbon dioxide emissions in China：the moderating role of investments in research and development[J]. Technology in Society,2022,68:101910.

[152]McFadden D. Econometric models of probabilisticchoice［J］. Structural Analysis of Discrete Data with Econometric Applications, 1981(1):198272.

[153]Meeusen W，van Den Broeck J. Efficiency estimation from Cobb-Douglas production functions with composederror［J］. International Econometric Review,1977(2):435-444.

[154]Meng B，Peters G P，Wang Z et al. Tracing CO_2 emissions in global value chains[J]. Energy Economics,2018,73:24-42.

[155]Meng B，Peters G P，Wang Z. fgas emissions in global value

chains [R]. Stanford Center for International Development Wording Paper,2015.

[156]Meng X, Yu Y. Can renewable energy portfolio standards and carbon tax policies promote carbon emission reduction in China's power industry? [J]. Energy Policy,2023,174:113461.

[157]Meng Z, Wang H, Wang B. Empirical analysis of carbon emission accounting and influencing factors of energy consumption in China [J]. International Journal of Environmental Research and Public Health,2018(15):2467.

[158]Mi Z, Meng J, Guan D et al. Chinese CO_2 emission flows have reversed since the global financial crisis[J]. Nature Communications, 2017 (1):1-10.

[159]Mills E S, Oates W E. Fiscal zoning and land use controls [M]. Lexington:Heath-Lexington,1975.

[160]Moran P A P. The interpretation of statisticalmaps[J]. Journal of the Royal Statistical Society. Series B (Methodological),1948(2):243-251.

[161]Musgrave R A. Thetheory of public finance:a study in public economy[M]. New York:Kogakusha Co. ,1959.

[162]Nunn N, Qian N. US food aid and civilconflict[J]. American Econometric Review,2014(6):1630-66.

[163]Organization for Economic Co-operation and Development (OECD), Indicators to measure decoupling of environmental pressure from economic growth[M]. Paris:OECD,2002.

[164]Ouyang X, Mao X, Sun C et al. Industrial energy efficiency and driving forces behind efficiency improvement: evidence from the pearl river delta urban agglomeration in China[J]. Journal of Cleaner Production,2019,220:899-909.

[165]Pan X, Li M, Wang Met al. The effects of a Smart Logistics policy on carbon emissions in China:a difference-in-differences analysis

[J]. Transportation Research Part E: Logistics and Transportation Review,2020,137:101939.

[166]Parry I W H. Pollution taxes and revenuerecycling[J]. Journal of Environmental Economics and Management,1995(3):S64-S77.

[167]Patterson M G. What is energy efficiency? concepts, indicators and methodological issues[J]. Energy Policy,1996(5):377-390.

[168]Pearce D. The role of carbon taxes in adjusting to globalwarming [J]. The Economic Journal,1991,101:938-948.

[169]Pei Y, Zhu Y, Liu S et al. Environmental regulation and carbon emission: the mediation effect of technical efficiency[J]. Journal of Cleaner Production,2019,236:117599.

[170]Popp J, Kot S, Lakner Z et al. Biofuel use: peculiarities andimplications[J]. Journal of Security & Sustainability Issues, 2018(3):477-493.

[171]Popp J, Lakner Z, Harangi-Rakos M et al. The effect of bioenergy expansion: food, energy, andenvironment [J]. Renewable and Sustainable Energy Reviews,2014,32:559-578.

[172]Porter M E, Claas V D L. Toward a new conception of the environment-competitiveness relationship [J]. The Journal of Economic Perspectives,1995(9):97.

[173]Qian Y, Liu J, Shi L et al. Can artificial intelligence improve green economic growth? evidence from China[J]. Environmental Science and Pollution Research ,2022,30:16418-16437.

[174]Qin W, Chen S, Peng M. Recent advances in industrial internet: insights andchallenges[J]. Digital Communications and Networks, 2020 (1):1-13.

[175]Radulescu M, Sinisi C I, Popescu C et al. Environmental tax policy in Romania in the context of the EU: double dividend theory [J]. Sustainability,2017(11):1986.

[176]Razzaq A, Sharif A, Afshan S et al. Do climate technologies and recycling asymmetrically mitigate consumption-based carbon emissions in the United States? new insights from quantile ARDL [J]. Technological Forecasting and Social Change,2023,186:122138.

[177]Reppelin-Hill V. Trade and environment:an empirical analysis of the technology effect in the steel industry [J]. Journal of Environmental Economics and Management,1999(3):283-301.

[178]Roy M, Basu S, Pal P. Examining the driving forces in moving toward a low carbon society:an extended STIRPAT analysis for a fast growing vast economy[J]. Clean Technologies and Environmental Policy,2017(9):2265-2276.

[179]Salinas P, Solé-Ollé A. Partial fiscal decentralization reforms and educational outcomes:a difference-in-differences analysis for Spain [J]. Journal of Urban Economics,2018,107:31-46.

[180]Samuelson P A. Professor Samuelson on operationalism in economic theory:comment[J]. The Quarterly Journal of Economics, 1955 (2): 310-314.

[181]Samuelson P A. The pure theory of publicexpenditure[J]. Review of Economics and Statistics,1954(4):387-389.

[182]Sargan J D. A suggested technique for computing approximations to Wald criteria with application to testing dynamicspecifications [J]. School of Economics & Political Science,1975(16):75-91.

[183]Sargan J D. The estimation of economic relationships using instrumentalvariables[J]. Econometrica: Journal of the Econometric Society, 1958(3):393-415.

[184]Schram S F, Schram S. After welfare: the culture of postindustrial social policy[M]. New York:New York University Press,2000.

[185]Schwartz J, Repetto R. Nonseparable Utility and the double dividend debate: reconsidering the tax-interactioneffect[J]. Environmental

and Resource Economics,2000(2):149-157.

[186]Seabright P. Accountability and decentralisation in government:an incomplete contracts model[J]. European Econometric Review, 1996(1):61-89.

[187]Shafik N, Bandyopadhyay S. Economic growth and environmental quality: time-series and cross-countryevidence[M]. Washington: World Bank Publications,1992.

[188]Shan Y, Liu J, Liu Z et al. New provincial CO_2 emission inventories in China based on apparent energy consumption data and updated emission factors[J]. Applied Energy, 2016, 184: 742-750.

[189]Shi A. The impact of population pressure on global carbon dioxide emissions, 1975-1996: evidence from pooled cross-country data [J]. Ecological Economics,2003(1):29-42.

[190]Sinn H W. Public policies against global warming:a supply side approach[J]. International Tax and Public Finance, 2008 (4): 360-394.

[191]Sun L, Li W. Has the opening of high-speed rail reduced urban carbon emissions? empirical analysis based on panel data of cities in China[J]. Journal of Cleaner Production,2021,321:128958.

[192]Tapio P. Towards a theory of decoupling: degrees of decoupling in the EU and the case of road traffic infinland between 1970 and 2001 [J]. Transport Policy,2005(2):137-151.

[193]Tiebout C M. A pure theory of localexpenditures[J]. Journal of Political Economy, 1956(5):416-424.

[194]Tiwari A K, Shahbaz M, Adnan H Q M. The environmental Kuznets curve and the role of coal consumption in India: cointegration and causality analysis in an open economy [J]. Renewable and Sustainable Energy Reviews,2013(18):519-527.

[195]Tone K, Sahoo B K. Scale, indivisibilities and production function in data envelopmentanalysis [J]. International Journal of Production Economics,2003(2):165-192.

[196]Tone K. A slacks-based measure of efficiency in data envelopmentanalysis[J]. European Journal of Operational Research,2001(3): 498-509.

[197]Tong X, Li X, Tong L et al. Spatial spillover and the influencing factors relating to provincial carbon emissions in China based on the spatial panel data model[J]. Sustainability,2018(12):4739.

[198]Van der Ploeg F, Withagen C. Is there really a green paradox? [J]. Journal of Environmental Economics and Management,2012 (3):342-363.

[199]Wang E-Z, Lee C-C, Li Y. Assessing the impact of industrial robots on manufacturing energy intensity in 38 countries [J]. Energy Economics,2020,105:105748.

[200]Wang J M, Shi Y F, Zhang J. Energy efficiency and influencing factors analysis on Bei, jing industrialsectors [J]. Journal of Cleaner Production,2017,167:653-664.

[201]Wang J, Hu M, Tukker A, Rodrigues J F D. The impact of regional convergence in energy-intensive industries on China's CO_2 emissions and emission goals[J]. Energy Economics,2019,80:512-523.

[202]Wang L, Chen Y, Ramsey TS, Hewings GJD. Will researching digital technology really empower green development? [J]. Technology in Society,2021,66:101638.

[203]Wang M, Feng C. Decomposition of energy-related CO_2 emissions in China:an empirical analysis based on provincial panel data of three sectors[J]. Applied Energy,2017,190:772-787.

[204]Wang X, Wang J, Jiao C et al. RETRACTED: preparation of

magnetic mesoporous poly-melamine-formaldehyde composite for efficient extraction of chlorophenols [J]. Talanta：The International Journal of Pure and Applied Analytical Chemistry,2018,184:565-565.

[205]Wang Y, Han R, Kubota J. Is there an environmental Kuznets curve for SO_2 emissions? a semi-parametric panel data analysis for China[J]. Renewable and Sustainable Energy Reviews,2016,54: 1182-1188.

[206]Wang Y, Zhang C, Lu A et al. A disaggregated analysis of the environmental Kuznets curve for industrial CO_2 emissions in China [J]. Applied Energy,2017,190:172-180.

[207]Wang Z, Yang Y, Wang B. Carbon footprints and embodied CO_2 transfers among provinces in China[J]. Renewable and Sustainable Energy Reviews,2018,82:1068-1078.

[208]Wenbo G, Yan C. Assessing the efficiency of China's environmentalregulation on carbon emissions based on Tapio decoupling models and GMM models[J]. Energy Reports,2018(4):713-723.

[209]Wilson J D. Theories of taxcompetition[J]. National Tax Journal, 1999(2):269-304.

[210]Wright D S, Oates W E. Fiscal federalism[J]. American Political science Review,1972(4):1777.

[211]Wu H, Xu L, Ren S, et al. How do energy consumption and environmental regulation affect carbon emissions in China? New evidence from a dynamic threshold panel model[J]. Resources Policy,2020,67:101678.

[212]Wu Y, Su J R, Li Ket al. Comparative study on power efficiency of China's provincial steel industry and its influencing factors[J]. Energy,2016,175:1009-1020.

[213]Xiao Y, Huang H, Qian X-M, et al. Can new-type urbanization reduce urban building carbon emissions? New evidence from China

[J]. Sustainable Cities and Society,2023,90:104410.

[214]Xiong S, Ma X, Ji J. The impact of industrial structure efficiency on provincial industrial energy efficiency in China[J]. Journal of Cleaner Production,2019,215:952-962.

[215]Xu L J, Zhou J X, Guo Y et al. Spatiotemporal pattern of air quality index and its associated factors in 31 Chinese provincial capital cities[J]. Air Quality, Atmosphere & Health,2017(5): 601-609.

[216]Yang Z, Wei X. The measurement and influences of China's urban total factor energy efficiency under environmental pollution: based on the game cross-efficiency DEA[J]. Journal of Cleaner Production, 2019,209:439-450.

[217]Yao S. On economic growth, FDI and exports in China[J]. Applied Economics,2006(3):339-351.

[218]Yeaple S R. Firm heterogeneity and the structure of US multinationalactivity[J]. Journal of International Economics,2009(2): 206-215.

[219]Yeh J R, Shieh J S, Huang N E. Complementary ensemble empirical modedecomposition:a novel noise enhanced data analysis method[J]. Advances in Adaptive Data Analysis,2010(2):135-156.

[220]Yin J, Zheng M, Chen J. The effects of environmental regulation and technical progress on CO_2 Kuznets curve: evidence from China [J]. Energy Policy,2015,77:97-108.

[221]Yin K, Cai F, Huang C. How does artificial intelligence development affect green technology innovation in China? Evidence from dynamic panel data analysis[J]. Environmental Science and Pollution Research,2022,30:28066-28090.

[222]Zeng S, Jin G, Tan K, Liu X. Can low-carbon city construction reduce carbon intensity? Empirical evidence from low-carbon city

pilot policy in China[J]. Journal of Environmental Management, 2023,332:117363.

[223]Zhai D, Shang J, Yang F et al. Measuring energy supply chains' efficiency with emission trading: a two-stage frontier-shift data envelopment analysis[J]. Journal of Cleaner Production, 2019, 210:1462-1474.

[224]Zhang C, Zhou X. Does foreign direct investment lead to lower CO_2 emissions? evidence from a regional analysis in China[J]. Renewable and Sustainable Energy Reviews,2016,58:943-951.

[225]Zhang J, Jiang H, Liu Get al. A study on the contribution of industrial restructuring to reduction of carbon emissions in China during the five Five-Year Plan periods[J]. Journal of Cleaner Production,2018,176:629-635.

[226]Zhang K, Dong J, Huang Let al. China's carbon dioxide emissions: an interprovincial comparative analysis of foreign capital and domestic capital[J]. Journal of Cleaner Production,2019,238:1-11.

[227]Zhang K, Zhang Z Y, Liang Q M. An empirical analysis of the green paradox in China: from the perspective of fiscaldecentralization [J]. Energy Policy,2017,103:203-211.

[228]Zhang P, Yin G, Duan M. Distortion effectsof emissions trading system on intra-sector competition and carbon leakage:a case study of China[J]. Energy Policy,2020,137:111-126.

[229]Zhang Y J, Liu Z, Zhang H et al. The impact of economic growth, industrial structure and urbanization on carbon emission intensity in China[J]. Natural Hazards,2014(2):579-595.

[230]Zhao X, Yin H, Zhao Y. Impact of environmental regulations on the efficiency and CO_2 emissions of power plants in China[J]. Applied Energy,2015,149:238-247.

[231]Zhao Y, Zhao Z, Qian Z, et al. Is cooperative green innovation

better for carbon reduction? evidence from China[J]. Journal of Cleaner Production,2023,394:136400.

[232]Zheng H, Zhang Z, Wei W et al. Regional determinants of China's consumption-based emissions in the economic transition [J]. Environmental Research Letters,2020(7):074001.

[233]Zheng Q, Lin B. Impact of industrial agglomeration on energy efficiency in China's paperindustry [J]. Journal of Cleaner Production, 2018, 184:1072-1080.

[234]Zheng W, Walsh P P. Economic growth, urbanization and energy consumption: a provincial level analysis of China [J]. Energy Economics, 2019,80:153-162.

[235]Zhou Z, Ye X, Ge X. The impacts of technical progress on sulfur dioxide Kuznets curve in China: a spatial panel data approach[J]. Sustainability,2017(4):674.

[236]Zhu H, Duan L, Guo Y et al. The effects of FDI, economic growth and energy consumption on carbon emissions in ASEAN-5: evidence from panel quantile regression[J]. Economic Modelling,2016,58:237-248.

附　录

附表　典型年份我国各地碳排放情况　（单位:万吨）

地区	2000 年	2004 年	2008 年	2012 年	2016 年	2019 年
安徽	3369.2	4582.1	6777.8	9578.8	9591.6	10214.1
澳门	32.7	36.4	49.5	61.7	65.8	77.0
北京	1928.4	4002.1	4699.4	6507.3	6525.8	6932.0
重庆	839.0	1381.0	2072.8	2657.6	2661.4	2833.7
福建	2697.9	3483.7	5270.0	7358.9	7371.9	7844.8
甘肃	1392.7	2082.2	3113.6	4359.3	4366.3	4647.5
广东	8143.4	12055.4	17164.7	20929.9	20974.7	22307.2
广西	1633.7	2345.8	3465.9	4699.2	4709.0	5010.5
贵州	1543.1	2168.3	3124.0	4149.9	4152.9	4426.9
海南	468.3	618.8	876.2	1164.8	1167.7	1241.1
河北	5465.9	7646.5	10300.7	14279.9	14310.8	15218.0
河南	5327.8	7754.5	11846.3	13933.0	13955.5	14854.3
黑龙江	4454.6	6172.8	7937.8	11285.3	11313.9	12024.2
湖北	2256.0	3115.7	4508.8	5676.9	5686.5	6052.1
湖南	1755.3	2774.2	3783.2	5046.9	5055.3	5380.5
吉林	2978.6	3548.7	4719.9	7411.4	7429.6	7899.6

续表

江苏	6047.7	10264.4	16082.8	23250.6	23296.0	24782.6
江西	1075.3	1991.0	2783.5	3601.7	3608.2	3839.3
辽宁	4366.2	5811.0	8160.3	10857.3	10882.5	11572.3
内蒙古	4134.8	6503.6	9510.4	14614.4	14634.3	15584.3
宁夏	1047.3	1706.7	2382.5	3543.1	3546.9	3778.7
青海	236.1	407.8	580.1	858.0	860.3	914.2
山东	7923.4	12219.8	17152.8	21198.1	21238.0	22595.9
山西	4702.9	7135.8	9810.2	11943.8	11958.6	12736.7
陕西	2760.6	4180.1	6255.2	9199.8	9217.0	9806.5
上海	1910.5	4095.6	5802.7	7462.8	7478.8	7953.5
四川	1755.7	2815.9	4256.1	5758.8	5772.5	6136.6
台湾	6093.8	6818.6	6873.1	7053.1	7402.8	7266.2
天津	1411.0	2757.1	3349.6	5325.1	5338.2	5674.1
西藏	61.8	138.3	181.1	254.6	257.5	274.3
香港	1226.1	1377.6	1514.3	1780.5	1808.3	1814.4
新疆	3233.3	4569.9	6788.1	8865.1	8877.6	9437.0
云南	1902.2	2592.6	4205.0	5650.8	5665.2	6025.8
浙江	3820.7	6461.7	9679.5	12855.4	12881.6	13701.6

注:数据来自当年中国能源统计年鉴。

后　记

　　本书以新发展理念为指引,详尽地探讨了我国碳达峰策略的多个重要方面,并围绕省际隐含碳的空间关联效应、经济增长与碳排放的脱钩效应、外商直接投资对碳排放的"污染光环"效应、财政分权对碳排放的溢出效应、区域碳排放效率的异质效应、碳减排的中介效应,从不同的角度、深度和广度对碳排放的驱动效应及减排路径进行了深入研究,提出了有力的评估方法和策略。本书对碳达峰策略的研究和解析,不仅具有重要的理论价值,也为政策制定者和实践工作者提供了有益的参考和启示。

　　本书的完成,离不开那些爱我的人。感谢我的博士生导师清华大学教授孔英老师的悉心指导。在学术方面,老师谆谆教诲,告诉我要脚踏实地地学习;在生活方面,老师贴心爱护,教会我很多东西。感谢求学路上遇到的每位老师,他们都给予了热心照护。感谢我的合作者们:付锦涛、沙杰、王晗堃、张拓、曾良恩、吴睿、罗方勇、聂洋、杜俊涛。当初,我面对陌生的研究领域充满困惑;如今,我对自己的研究充满信心和激情。从第一次投稿、第一次被拒绝、第一次大修到第一次录用,小伙伴们陪我走过了太多太多的第一次,我们一起收集资料,一起写初稿,一起讨论,一起改文章,他们的陪伴让求学问道之路变得快乐有趣。更要感谢我的父母、我的外公和已在天堂的外婆,从 50 厘米的小婴儿到 180 厘米的大高个,从蹒跚学步、牙牙学语的无知孩童成长为上下求索、积极进取的成年人,离不开他们的鼓励和呵护。

　　从 22 岁到 32 岁,十年的时间一眨眼就过去了。希望自己不要停止奔跑,继续沉浸在自己的热爱里,不负韶华,尽情拥抱属于自己的生活。